U0908747

国家社科基金艺术学重大项目（项目批准号20ZD02）：国家文化公园政策的国际比较研究

黄河国家文化公园：保护、管理与利用

李　艳◎主编

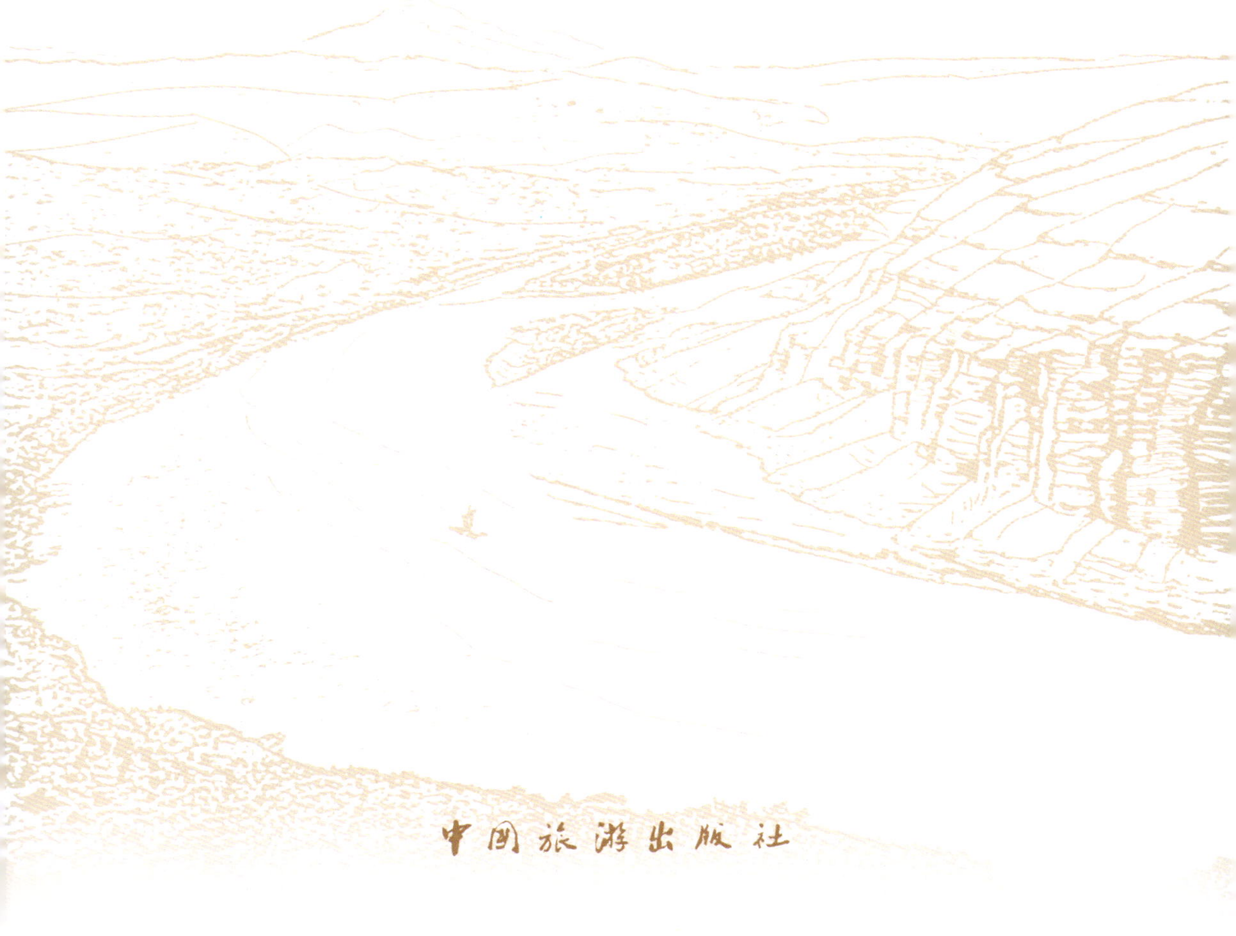

中国旅游出版社

前　言

黄河生生不息，奔流千年，哺育了中华儿女，孕育出博大精深的华夏文明，留下灿若繁星的文化遗产。黄河文化是中华文明的重要象征，是中华民族乃至全人类共同的宝贵财富。从古至今，国家、地方和人民对于黄河文明的保护从未间断，2019 年国家展开长城、大运河、长征国家文化公园的规划建设，2020 年增加建设黄河国家文化公园，整合、展示黄河文化遗产，传承利用黄河文明，使“黄河精神”成为实现中华民族伟大复兴的强大精神力量。

建设黄河国家文化公园的核心是挖掘黄河文化内涵，展现其文化价值和时代价值。黄河文化被誉为中华文明的“根”和“源”，它是多民族文化交流碰撞，最终融合而成的。黄河文化表现形式多样，其物质文化遗产和非物质文化遗产在沿黄九省（自治区）分布广泛，数量繁多，沿岸民风民俗、精神面貌体现出黄河流域典型文化特色且文化氛围浓厚，黄河精神早已融入流域居民的血脉之中。建设黄河国家文化公园，不仅是梳理、整合和保护现有文化资源，发挥其科研实践和游憩娱乐等作用，更是传承和创新黄河文化，使其成为国家价值观和国家意志的体现，成为国家形象的象征之一。建设黄河国家文化公园具有重大文化意义和时代意义，已引起社会各界的关注。

在国家的大力支持下，沿黄九省（自治区）已经开始进行黄河国家文化公园的规划和建设，利用先进科学技术逐步实现遗产数字化采集、保护和监督管理，构建黄河国家文化公园智慧化平台。但黄河流域面积大，流经省份多，建设黄河国家文化公园面临文化、生态和经济等方面的问题，建设难度较大。为实现黄河国家文化公园高质量建设和可持续发展的目标，需更加系统、全面地思考黄河文化资源保护机制、利用机制和管理机制的设定，拓宽文旅发展格局，助力乡村振兴，弘扬文化自信。

为此，本书结合国家战略指导，综合研究了黄河国家文化公园建设所涉及的各种问题。本书厘清国家文化公园的思想与体系，并对黄河流域文化及沿黄九省（自治区）物质文化遗产和非物质文化遗产资源状况进行了梳理，结合黄河流域文化特色思考黄河国家文化公园建设的理论基础和主要内容。此外，参考国外国家公园中央垂直式管理和地方自治式管理模式，立足我国实际情况，给出黄河国家文化公园管理体制和经营体制的建议。参考国内较为成熟的大运河国家文化公园、长征国家文化公园和长城国家文化公园建设经验，以及国外国家公园建设经验，提出黄河国家文化公园资源利用机制。根据时代发展特征，对黄河国家公园资金、立法和技术保障体系建设提出中肯建议。

本书由北京第二外国语学院中国文化和旅游产业研究院主持编写。本书由李艳、邹统钎等负责设计了研究和全文框架，第一、二、五、六、七章由李艳撰写，第三、四、五章由樊培英撰写，第八章由蔡晟负责撰写。资料校对和数据补充等工作由樊培英、董丹阳、李茜完成。本书在编写过程中运用了官方的统计数据，借鉴了先前学者的研究成果，参考了许多相关资料，在此表示由衷的感谢！由于作者水平有限，书中难免有疏漏之处，敬请读者提出宝贵意见！

作者

2022 年 3 月

目　录

第一章　国家文化公园的思想与体系

第一节　国家文化公园的概念与思想

作为中国推进实施的重大文化工程，国家文化公园是对中国具有突出意义、重要影响、重大主题的文物和文化资源实施公园化管理运营，以达到文物和文化资源的保护传承利用、文化教育、公共服务、旅游观光、休闲娱乐、科学研究等功能。

我国国家文化公园建设工作最早可追溯到2013年首次提出的建设国家公园体制，2015年展开了10个国家公园体制试点工作。2017年发布的《国家“十三五”时期文化发展改革规划纲要》中首次提出“国家文化公园”，由此，国家公园建设演化为国家文化公园建设。因此也有学者认为，“国家文化公园是国家公园的一个分支”。

一、国家公园的概念与管理思想

国家公园的思想起源于美国，1832年美国艺术家乔治·卡特林呼吁美国政府制定保护政策设立“保护印第安文明、野生动植物和荒野的”国家公园，1864年马什发表《人与自然》，阐述人与自然共存的理念。1868年，乔赛亚·惠特尼在《约塞米蒂指南》中描述了“国家公共公园”约塞米蒂。1872年，美国成立了第一个国家公园——黄石国家公园。

国家公园是国家采取措施保护自然景观、提供公共服务。实际上，各国对国家公园的概念并没有严格定义，广泛接受的是其三方面的共性：具有较高价值的保护区域、兼顾保护和利用、国家对其保护和利用承担重要职责。1969年国家自然资源保护组织正式接受了这一概念，并于1974年制定了国家公园的国际标准，确立国家公园的概念为：最小面积为1000公顷、具有优美景观的特殊生态或特殊地形，为长期保护而设置的保护区，具有国家代表性、由国家最高权力机构限制区域内行为，维护目前自然状态、仅准许游客在特别情况进入一定方位的，作为现代及未来科学、教育、游憩、启智资产的地区。

这个概念确立了国家公园的生态保护性、国家性、综合目的性、全民公益性等特性，明确保护是基本原则和根本目的。保护优先是国家公园管理理念中的重要内容，国家公园的首要功能是保护，与保护目标不一致的开发利用都是不可取的，以开发利用为目的的旅游设施在国家公园中必须要严格遵守保护的要求，国家公园内的游览范围和方式也应该是生态旅游模式。国家公园建设要求融合“国家性”和“全民公益性”，国家公园的生态资源是国家所有、全民共享、世代传承的，是国家形象的名片。国家公园的基石是“国家性”，宗旨则是“全民公益性”，其公益性、国家主导性和科学性也是国家公园管理理念的重要内容。国家公园兼顾生态环境、自然环境的保护和适度旅游资源开发，确立了生物多样性保护、积极保护、多方参与保护、系统保护的思想，保护自然环境、物种和遗传基因，并为公众提供游憩场所，促进地区经济发展。

二、国家文化公园的概念与管理思想

为形成和打造中华文化重要标识，2017年《国家“十三五”时期文化发展改革规划纲要》提出依托长城、大运河、黄帝陵、孔府、卢沟桥等重大历史文化遗产建设一批国家文化公园。

国家文化公园保护具有国家或国际意义的文化资源、文化精神或价值，以及弘扬与传承中华传统文化，承担爱国教育、科研实践、国际交流、旅游休闲、娱乐体验等文化服务功能，是由国家认定、建立、管理的特殊区域。国家文化公园既是中国文化传播的重要渠道，也是文化和旅游深度融合的契机。

国家文化公园秉承了一些国家公园的管理理念，如国家象征、全民公益等，但是相比于国家公园专注自然资源，国家文化公园更多的是聚焦在具有国家象征的大型文化资源。国家文化公园应以大型文化遗产为依托，在实践上借鉴国家公园和大型文化遗产的建设经验，实现公园建设和遗产保护的融合推进。

第二节　国家文化公园建设体系

我国于 2017 年首次提出“国家文化公园”概念，2019 年明确了长城、大运河、长征国家文化公园建设，2020 年增加黄河国家文化公园，到目前已经形成了“四大”国家文化公园的全面布局（见表 1–1）。

表 1–1　四大国家文化公园详述

<table>
<tr><th>类型</th><th>行政区划</th><th>文化遗产</th><th>进程</th></tr>
<tr><td>长城国家文化公园</td><td>北京、天津、河北、山西、内蒙古、辽宁、吉林、黑龙江、山东、河南、陕西、甘肃、青海、宁夏、新疆</td><td>金界壕，明长城，具备长城特征的防御体系（战国、秦、汉长城，北魏、北齐、隋、唐、五代、宋、西夏、辽等）</td><td rowspan="4">1. 2019 年印发《长城、大运河、长征国家文化公园建设方案》；
2. 2020 年国家“十四五”规划提出建设长城、大运河、长征和黄河国家文化公园；
3. 2020 年发布《国家文化公园形象标志征集公告》；
4. 2021 年印发《长城国家文化公园建设保护规划》《大运河国家文化公园建设保护规划》《长征国家文化公园建设保护规划》</td></tr>
<tr><td>大运河国家文化公园</td><td>北京、天津、河北、江苏、浙江、安徽、山东、河南</td><td>京杭大运河、隋唐大运河、浙东运河 3 个部分</td></tr>
<tr><td>长征国家文化公园</td><td>福建、江西、河南、湖北、湖南、广东、广西、重庆、四川、贵州、云南、陕西、甘肃、青海、宁夏</td><td>以中国工农红军一方面军（中央红军）长征线路为主，兼顾红二、四方面军和红二十五军长征线路</td></tr>
<tr><td>黄河国家文化公园</td><td>青海、四川、宁夏、甘肃、内蒙古、陕西、山西、河南、山东</td><td>以黄河文化为核心，辐射黄河流域</td></tr>
</table>

一、长城国家文化公园

长城是我国现存规模最大的文化遗产，历经春秋战国、秦、汉、唐、明等 12 个朝代、两千多年的历史，是中华民族和国家形象的精神象征。长城跨越了 15 个省（区、市），总长度达 21196.18 公里。长城国家文化公园涵盖了我国历史上典型的具备长城特征的防御体系，如战国、秦、汉长城，北魏、北齐、隋、唐、五代、宋、西夏、辽等和金界壕、明长城等，涉及北京、天津、河北、山西、内蒙古、吉林、辽宁、黑龙江、山东、河南、陕西、甘肃、青海、宁夏、新疆 15 个省（区、市）。

建设长城国家文化公园主要是立足民族文化复兴的战略高度，从宏观上对长城文化资源进行整体统筹，让长城文化遗产更好地融入现代生活，在促进当地经济发展的同时，让人民对长城历史、长城沿线城市历史的发展有更深刻的认识和理解，从而达到传承长城文化的作用和效果，使“长城精神”成为实现中华民族伟大复兴的强大精神力量。

利用长城国家文化公园的建设，打破我国传统文保单位“重保护、轻利用”的发展方式，在保护的基础上实现教育、游憩和富民的复合功能，实现文化资源的综合利用和可持续发展。同时，国家文化公园的管理方式更有利于打破传统文化浅层化、碎片化的局限，实现文化、遗产、旅游资源等的综合治理和利用，满足社会主义发展新时期的文化高质量需求。

二、大运河国家文化公园

大运河最早始建于春秋时期，在隋朝实现南北贯通，繁荣于唐宋，在元代取直，明清时期疏通，其军事、经济、航运等功能为中国古代的经济发展和国家统一贡献了重要力量，其生态、航运等功能在当下仍然发挥着重要作用。大运河也孕育了吴越文化、江南文化等灿烂文化和塑造了一批运河城市。

由京杭大运河、隋唐大运河以及浙东运河这三大部分组成了大运河国家文化公园，涵盖了北运河、通惠河等 10 个河段，跨越了北京、天津、河北、江苏、浙江、安徽、山东、河南 8 个省市。建设大运河国家文化公园，旨在实现对大运河的文物和文化资源进行整合，使大运河文化的保护传承、开发利用、文化教育、公共服务、旅游观光、休闲娱乐、科学研究功能得以实现，弘扬大运河精神，使大运河成为新时代宣传中国、展示中华文化、彰显文化自信的标志。

三、长征国家文化公园

长征是人类历史上的伟大奇迹，长征精神是中国共产党和红军战士用热血和生命铸就的伟大精神，是我们的宝贵精神财富。长征沿线留存下来许多包括建（构）筑物和建筑群落、战场遗址、标语、交通设施、烈士墓以及纪念设施等在内的文物，以及很多无形遗产。红军跋山涉水的革命精神和先进思想与长征中所途经的优秀民风民俗和在地文化交融共生，扩红参军、十送红军等长征故事都化作无形遗产融入伟大的长征。数量众多的革命旧址和革命文物在长征中得以留存，英勇无畏的长征精神和具有深厚底蕴的长征文化也在此铸就。

长征国家文化公园的建设涵盖中国工农红军一方面军（中央红军）的主要长征线路和红二、四方面军和红二十五军的长征线路两条次要长征线路，涉及福建、江西、河南、湖北、湖南、广东、广西、重庆、四川、贵州、云南、陕西、甘肃、青海、宁夏 15 个省、自治区及直辖市。通过国家文化公园建设，构建红军长征历程和行军线路的总体空间框架，实现管控保护、主题展示、文旅融合、传统利用，实施保护传承、研究发掘、环境配套、文旅融合、数字再现、教育培训工程，呈现长征文化，弘扬长征精神，赓续红色血脉。

四、黄河国家文化公园

黄河是我国的母亲河，是中华文明的重要象征。中华民族以黄河文化为核心，经过 5000 年的发展而形成中华文明。黄河流经青海、四川、宁夏、甘肃、内蒙古、陕西、山西、河南、山东 9 个省份，流域面积 752443 平方公里。从中华文明诞生之初至今，全国的政治、经济、文化中心都聚集在黄河中下游的时间有 3000 多年。黄河国家文化公园的建设，是保护和传承黄河文化的重要举措。在建设黄河国家文化公园中，在黄河文化空间营造方面的主要呈现形式是公园，同时将对黄河文化内涵进行深度挖掘，以及形成适合黄河文化展示和传承的建设体系作为重点。黄河国家文化公园建设的提出要迟于其他三所国家文化公园，黄河流域沿线省（自治区）经济发展相对较为落后，黄河流域存在生态环境恶化、水土资源流失严重、水资源短缺等问题，因此，相对于其他三所国家文化公园，黄河国家文化公园建设面临更大的挑战。

黄河国家文化公园建设是以黄河带核心文化遗产为依托，国家整合黄河流域多方力量，实现黄河流域文化的整合、展示、传承、创新，在弘扬黄河文化的同时创新发展，实现与当地经济发展良性互动的双赢局面。

国家文化公园的发展战略，是以长城、大运河、长征和黄河等为主干，实现中华文化的创新发展，实现科学保护、合理利用，从而促进优秀文化的保护传承、中华民族精神的挖掘，达到文化和旅游的融合、生态和文化的绿色发展、提高和保障当地经济和民生。

第二章　黄河文化概述

黄河被称为“母亲河”，黄河流域生产生活的人们创造了辉煌灿烂的黄河文化。黄河文化在中华文明发展历程中占有重要地位，被誉为中华文明的“根”和“源”。

第一节　黄河文化概念

界定黄河文化的概念要从文化概念进行推演。对文化概念的界定繁杂，“文化是人类创造的精神财富和物质财富总和”这一说法最被接受和认可。由此可知，黄河文化是基于黄河流域自然、人文环境、社会生产等发展起来的文化体系，包括习惯、风俗、规范、价值取向、精神面貌等，它是在长期实践中由黄河流域人民创造的精神财富和物质财富的总和。从分布地域上，黄河文化分布于干流流经的区域，主要有青海省、四川省、甘肃省、宁夏回族自治区、内蒙古自治区、陕西省、山西省、河南省、山东省。黄河文化将不同层次的文化体系包括在内，如河湟文化、河套文化、三秦文化、中原文化、齐鲁文化等。

黄河流域是中华文明的轴心，原始社会时期，在黄河流域活动的先民留下文化遗迹，为黄河文化的形成奠定基础。例如，西侯度人遗址、蓝田猿人遗址、匼河文化遗址、大荔人、许家窑人、丁村人遗址、河套人遗址等。先民开始对自然和社会现象进行思考，产生早期神话传说："大禹治水""仓颉造字""燧人氏取火""黄帝和炎帝与蚩尤之战""后羿射日""夸父逐日""精卫填海""嫘祖养蚕缫丝"等。其中黄帝和炎帝部落在黄河流域生产生活的传说，与蚩尤的战争神话等广为流传，炎帝和黄帝也因此成为中华民族公认的人文始祖。

随着文明的不断发展，不同王朝的政治中心和文化中心大都建立在黄河流域，沿东西方向分布。进入奴隶社会，夏朝主要的活动区域即西起豫西、晋南，东至豫、鲁、冀三省交界处。夏文化二里头遗址在今河南省偃师区被发现。商朝多次进行迁都，大都在河南省、山西省、山东省，殷墟因挖掘出甲骨文而闻名于世。西周定都镐京（今陕西省西安市），实施分封制拱卫王室。东周时期，周平王迁都洛邑（今河南洛阳）。春秋战国时期，我国从奴隶社会向封建社会过渡。从地域上黄河各个区域文化崛起，例如，三秦文化、三晋文化、齐鲁文化、中原文化等。从学派上，诸子百家纷纷著书立说，出现百家争鸣的局面。进入封建社会，秦统一六国，定都咸阳，打造世界八大奇迹之一的兵马俑。自此以后，西汉、东汉、三国时期、隋朝、唐朝、北宋等的文化中心均在黄河流域，主要在河南省和陕西省。

作为中华文明的起源，黄河流域内诞生了很多伟大的历史人物。三皇五帝中活跃在黄河流域的有燧人氏、伏羲氏、黄帝、颛顼、帝喾、虞舜。古代帝王包括大禹、启、商汤、武丁、周文王、周武王、刘邦、刘秀、曹丕、司马炎、杨广、武则天、王建、郭威、赵匡胤、朱元璋等。贤臣将相中有比干、周公旦、子产、诸葛亮、甘罗、百里奚、吕蒙正、郑庄公、孙叔敖、管仲、蔺相如、晁错、陈平、周勃、陈蕃、谢安、房玄龄、狄仁杰、张说、姚崇、赵普、范仲淹。军事家、将军有妇好、姜太公、鬼谷子、吴起、张良、花木兰、司马懿、邓艾、黄忠、魏延、周亚夫、纪信、冯异、董宣、张巡、牛皋、杨再兴、戚继光、陈玉成、冯玉祥、许世友、郑维山、吉鸿昌、彭雪枫、杨靖宇等。

伟大的思想家、政治家有孔子、韩非、西门豹、苏秦等。文学家、诗人有许缜、阮籍、潘安、刘禹锡、元稹、蔡邕、苏轼、杜甫、李贺、韩愈、崔颢、白居易、刘希夷、宋之问、谢灵运、蔡文姬、许穆夫人、上官婉儿、李清照等。另外，还有战国时期哲学家邹衍、明代戏曲家李开先、近代民族商业资本家孟洛川等人。葬于黄河流域的还有商汤、苌弘、苏秦、张仪、吕不韦、钟繇、杜预、颜真卿、吕蒙正等。

第二节 黄河文化区

与行政区的分类相比，文化区的划分有所不同，是将拥有相同或者相似的社会风俗、语言、艺术、宗教、社会心理、伦理道德、民族性格等来作为分类的依据。文化区不是静止不变的，相反是不断动态发展的，随着民族不断融合，相关文化也会随之融合或者消失，新文化区随之出现。黄河文化分区不能单纯按照地理区域进行，还应该考虑到区域内群体所共享的文化。

黄河文化体系十分庞大，包括政治、经济、社会、宗教、哲学、军事、科技、教育、历史、社会风俗、伦理道德等多种内涵，在对黄河文化进行分区时需要依据相似的文化特质。黄河文化区就是黄河流域内文化特质相似或者相同的地理区域，黄河文化区为黄河文化提供文化生存空间和载体。

黄河流域的文化发展是个动态变化的过程，其文化特质也在动态变化，对衰落文化不断淘汰，进行文化特质的自我更新。新石器时代黄河流域主要文化区包括马家窑文化、仰韶文化和大汶口文化。秦汉时期全国经济重心向关中地区和黄河中下游地区转移，关中文化和黄河中下游的齐鲁文化、三晋文化崛起。基于以上认知，本文将黄河文化区分为青甘地区的河湟文化、今宁夏和内蒙古地区的河套文化、今陕西地区的三秦文化、今河南地区的中原文化和今山东地区的齐鲁文化。

一、河湟文化区

河湟文化区具有独特的地理环境和民族构成，涵盖黄河上游九曲之地和青海境内湟水谷地、甘青交界地区、河西走廊及宁夏部分地区[1]，形成了游牧文化和农耕文化的并存。河湟文化的史前文化开端是新时期时代马家窑文化和齐家文化。羌族是河湟地区最早的土著居民，他们过着游牧生活，后来羌人向秦人学习先进的农耕技术，也开始进行农业生产活动。汉武帝时期，军事力量不断向西扩展，汉人迁居河湟地区，使河湟地区的农耕文化得到了进一步发展。西汉时期主要是汉族文化和羌族文化交汇。魏晋南北朝时期，河湟地区开始多民族文化融合。隋至宋朝时期，河湟地区被吐蕃、西夏占据。元朝时期，蒙古人和西亚伊斯兰信徒迁居河湟地区，形成了汉、蒙古、回、藏、东乡、撒拉、保安、土族等众多民族共居，伊斯兰教、藏传佛教、道教、汉传佛教以及儒家礼教等多元鼎立、兼容并包的文化格局[2]。

二、河套文化区

所谓河套文化，是以黄河中流为轴心，覆盖了内蒙古的巴彦淖尔、鄂尔多斯、土默特与宁夏回族自治区北部广大地区的一种文化形态[3]。河套文化最早发源于旧石器时代晚期，在河套南部红柳河附近发现了“河套人”化石和大量石器遗物。河套地区自先秦以来就是国家戍边卫国的军事重地。富饶的河套冲积平原见证了匈奴的兴起，两汉的兴盛与衰亡，以及宋元辽金之间的战事与利益纠纷。这里自然环境赋予的生存优势吸引着四面八方的先民涌来，蒙古族与各个民族杂居，民族文化不断融合和传承发展，促成河套文化发展成为多文化交融的文化体系。

河套文化中最亮眼的是五个自然人文元素：阴山、草原、战争、移民、黄河。作为一个系统的体系，河套文化具有丰富的文化层次，分支出如边塞文化、黄河文化、寺庙文化、酒文化、民俗文化、诗词文化、餐饮文化等。边塞文化又可细分为阴山文化，长城文化，草原文化，战争文化等。河套黄河文化又可细分为农耕文化、水利文化、气候文化等。在积累沉淀、交互融合以及代代传承了河套地区的边塞文化、黄河文化、草原文化和农耕文化后，鲜明的地域特色、民族特色和兼容并蓄的河套文化体系得以形成。

三、三秦文化区

“三秦”最早源于《史记·秦始皇本纪》，“灭秦之后，各分其地为三：名曰雍王、塞王、翟王，号曰‘三秦’”[4]。后刘邦灭此三王，称“汉定三秦”。后称关中地区和陕北地区为“三秦”。如今三秦文化的内涵和外延扩大，三秦大地包括关中、陕南和陕北地区，实际上陕南接近于巴蜀文化。

三秦文化与中华文明有着较深的渊源，距今65万～80万年前的蓝田遗址，距今6000年前的仰韶遗址，孕育着中华文化的起源。黄帝、炎帝族发源于陕北，周族在陕、甘地区活动建立西周文明，之后秦、西汉、新①②、东汉、西晋、前赵、前秦、后秦、西魏、北周、隋、唐等都在此建都，西安有“十三朝古都”的美誉。周秦时期，三秦文化初步形成。周武王灭商朝，建立家国一体的宗法分封制，周公所作《周礼》成为儒家重要的典籍。秦襄公护送周平王东迁有功，公元前770年，秦襄公受封诸侯建立秦国，“东服彊晋，西霸戎夷”，促进多民族文化交流。秦孝公时期进行商鞅变法，秦文化出现重功利、轻伦理的倾向。

三秦文化在汉唐时期进行儒法合流，继承并发展了周秦文化的优秀成果，且发展至鼎盛时期。宋元时期南方的商品经济活跃，东南沿海成为中西交通要道，三秦文化逐渐走向衰落。明清时期，关中地区失去了政治、经济、文化中心的地位，三秦文化也因此走向了历史的低谷，但得益于关中的文化底蕴和氛围，关中书院依然人才辈出。明代史学家黄宗羲在《明夷待访录》中所感慨：“今关中人物不及吴会久矣。”

四、三晋文化区

“三晋”源于春秋末期韩、赵、魏三家瓜分晋国，三晋文化主要分布于今山西省。山西省北接大漠，地理位置上处于重要的战略地位。其煤铁资源丰

---

① 初始元年十二月癸酉朔（公元9年1月15日），王莽废汉孺子刘婴为安定公，改汉历寅正为丑正，改元始建国，改国号为新，建都常安（今西安汉长安城遗址），史称新莽。

② 邹纪万，《中国通史·秦汉史·第一章〈大一统帝国的政治变迁〉，第六节〈西汉中衰与政权结构的变动（元帝～王莽篡汉）〉》，1993年：第72—84页。

富，是重要的产粮区域，自然条件和农业经济优越。旧石器时代的西侯度遗址是最早的古人类活动遗址，将人类用火历史推到距今180万年，原始文化的积淀使得三晋文化开始萌芽。据史料记载，尧、舜、禹都曾在此地建都，可见，三晋地区是中华文明的重要起源地。

西周实行分封制，叔虞受封于唐，因国在晋水旁，后将唐改为晋。三晋地区优越的资源和地理条件，造就了春秋时期晋国的霸主地位。该时期，由于与戎狄在地理位置上较为接近，三晋文化吸收了少数民族的游牧文化。战国时期，三晋地区成为法家思想的聚集地，李悝、申不害和韩非致力于变法、强国。秦统一六国，之后的封建王朝建都很多在三晋地区周边，三晋地区有着拱卫京师的重要战略地位。明清时期，凭借盐池和煤铁资源，晋商崛起，晋商文化盛行。

三晋地近边塞，民族融合、文化多元，佛教在三晋地区不断发展，云冈石窟和五台山寺庙是佛教文化的瑰宝。平遥古城、乔家大院等是展现三晋文化重要的载体。晋剧、上党梆子、皮影戏、左权开花调、晋南威风锣鼓、广灵剪纸、平遥推光漆器、清徐老陈醋酿制技艺、杏花村汾酒酿制技艺、董永传说等非物质文化遗产也表征着三晋文化独特的魅力。

五、中原文化区

长久以来，中原地区都是政治文化中心，处于正统地位，且文化发展脉络清晰，长久以来浸润着民族精神和性格。中原文化区的地域范围在今河南省。“中原”一词在东晋时期使用频率最为密集，例如“中原鼎沸”“克复中原”等词语。这些词语中，中原都是指以洛阳为中心向黄河下游延伸的区域[5]。中原地区流传着众多神话传说，如“三皇五帝”“河图洛书”“女娲造人”等神话传说，与新石器时代裴李岗文化、仰韶文化、龙山文化等史前文明，为中原文化的萌芽积淀文化底蕴。

夏建都于河洛地区，中原地区的二里头遗址具有重要文化价值，是研究夏朝文化的重要遗址。商朝多次迁都，大都在河南省。春秋战国时期儒道墨法都发源于中原地区，构成文明的轴心。东周迁都至今洛阳，河南成为政治中心。秦和西汉时期，文化中心转移至关中地区。秦焚书坑儒，儒家学问受到重创，汉朝建立统一的社会秩序，急需国家治理的学问，汉代经学成为官方意识形态。东汉迁都洛阳，中原地区又成为全国文化中心。

佛教在西汉末年传入中原地区，东汉明帝在河南兴建白马寺。魏晋时期政治环境阴暗，迫害文人，佛教传入带来新的思想活力。北魏孝文帝时期修建的龙门石窟，是佛教艺术的瑰宝。唐朝出现印刷术，极大地促进文化交流与传播。宋代儒学受到佛道思想冲击，面临危机，儒道佛三教合一的趋势使得儒学进行自我更新，理学产生。回顾历史，河南省有安阳、洛阳、开封和郑州四个古都，其中洛阳又是“十三朝古都”。

六、齐鲁文化区

“齐鲁”起源于先秦时期的齐、鲁两国，主要分布在今山东省。“齐鲁”包括齐文化和鲁文化，齐文化代表海洋商业文化，鲁文化代表最初的儒家文化。学术界关于齐文化、鲁文化融合的时间，大致形成了汉代开始融合、战国开始融合和西周春秋已经奠定了融合的“基础”的“早期交流融合”三种观点[6]。齐文化和鲁文化交流融合后，齐鲁文化圈层逐渐拓展成地域概念。

以远古齐鲁大地为核心的东夷文化是齐鲁文化之根。距今50万年前的旧石器时代，东夷人在齐鲁大地活动，创造东夷文化。东夷领袖太昊、黄帝、蚩尤和尧舜的故乡在齐鲁大地，仓颉也曾在山东寿光创造文字。新石器时代，东夷文化逐渐演进为后李文化、北辛文化、大汶口文化和龙山文化，为齐鲁文化发轫奠定深厚的文化积淀。西周时期，姜太公受封于齐，周公受封于鲁，齐鲁文化尚未完全统一。春秋战国时期，齐鲁地区出现儒家和法家的一批杰出人才，如孔子、孟子、荀子、孙武、孙膑等。秦和西汉时期齐鲁地区成为全国的文化重心。从汉朝开始齐鲁文化有了落后的趋势，汉武帝推崇“罢黜百家，独尊儒术”，齐鲁文化于东汉时期开始被中原文化超越。自宋朝之后，齐鲁文化衰落。

第三节　黄河文化特征

黄河文化构成中华文明中最重要的文化符号系统之一。黄河流域内多民族聚居，民族不断碰撞融合，促进黄河文化不断传承，至今为止没有间断过，表现出强大的延续性。黄河流域长久以来面临战乱、洪水等天灾人祸的考验，表现出坚韧刚强的精神特质，不断发展，成为维系中华文明的文脉。

一、黄河文化兼收并蓄

黄河流域多样的地域特征和多元的民族造就了兼容并包的黄河文化。部落时代，炎帝和黄帝部落不断融合，随着文明进程的发展，游牧民族崛起，黄河文化融合农耕文明和游牧文明。黄河流域与游牧民族一边对抗、一边融合。商朝与羌方，西周与西戎和猃狁，春秋各国与北狄，战国秦汉与匈奴崛起，实现了多民族文化的融合发展。魏晋南北朝时期和五代两宋时期是中华民族两次民族大融合时期，魏晋南北朝时期五胡乱华，隋唐与突厥族，五代两宋时期党项、契丹、女真等游牧民族在黄河流域建立西夏、辽、金等政权，与中原的农耕民族时战时和，在对抗中实现了大融合。

黄河文化不仅是多民族融合的产物，也是吸收外来文化的产物。西汉时期开通丝绸之路，西汉与沿线欧亚各国展开文化交流。西汉末年，佛教传入中国，洛阳白马寺就是佛教文化的体现。黄河文化在与其他文化的碰撞交流中兼收并蓄、取长补短，不断焕发新的活力。

二、黄河文化博大精深

黄河流域自古就是中国重要的政治中心和文化中心，著名八大古都中有5个在黄河流域，包括西安、洛阳、开封、郑州、安阳。黄河文化是中华文脉的起源，轴心时代的儒、道、墨、法家文化都兴起于黄河流域，诞生了《诗经》

《易经》等不朽之作。孔子带领学生在中原地区周游列国，宣扬儒家学说；老子在函谷关完成《道德经》，开创道家思想体系；韩非子提出法家思想，之后的李斯和商鞅都活跃在黄河流域。墨家墨子、纵横家苏秦、兵家孙膑等都在黄河流域奔走，到各国去宣扬自己的政治主张，希望得到君主重用。

自西汉末年佛教传入以来，佛教思想在黄河流域逐渐盛行。沿黄省区有龙门石窟、云冈石窟、麦积山石窟、炳灵寺石窟、须弥山石窟和敦煌莫高窟等，其中云冈石窟、龙门石窟、麦积山石窟、敦煌莫高窟历史价值和艺术价值最高，被称为我国四大石窟。黄河流域衍生出辉煌的农耕文明，氾胜之在关中平原教人耕种，著《氾胜之书》;《齐民要术》教授农林牧副渔等部门的生产技术，被称为五大农书之首。“四大发明”也都诞生在黄河流域，展现中华儿女的原创力和智慧。长期的生产生活和劳动实践中也创造了大量非物质文化遗产。众多思想文化成果，无不彰显出黄河文化的博大精深。

三、黄河文化坚韧刚强

黄河流经沿岸省份时缔造了众多的农耕区，同时黄河决堤也给沿岸人民带来灾难。历史上黄河泛滥1500多次，其间较大规模的改道26次。治理黄河关系到兴邦安民，历代都注重治理黄河，使黄河安澜。在与黄河泛滥作斗争的过程中，造就了中华民族不畏艰难、敢于斗争、坚韧刚强的精神特质。治理黄河的历史，也是中华儿女的精神史和智慧史。秦朝以前，受生产力水平的限制，黄河沿岸居民处于惶恐黄河泛滥侵扰的阶段。女娲“积芦灰以止水”，继女娲之后，共工善于治水而被称为水神。在共工之后，鲧窃取了天帝的息壤用以治水。鲧的儿子大禹治水，三过家门而不入。该阶段都是局部抵御黄河泛滥。随着城市规模不断扩大，黄河泛滥决堤带来的危害也越来越大，局部治理的方式弊端尽显。

在此之后，历朝治理黄河不仅采用疏导的方式，还兴修水利工程，利用黄河资源，促进黄河安澜。秦国举全国之力修建郑国渠。郑国渠从泾水到洛水，绵延300里，用工10万人，耗时10年。此次工程极大地提高秦国的粮食产量，为富国强兵奠定基础。东汉时期王景治河产生深远影响，历经 800 年，黄河没有再发生大的改道，“王景治河，千年无患”。黄河 800 年安澜的状态在唐朝末年发生转变，王安石积极促进治理黄河，大规模放淤，滋养农田。黄河九曲奔流，勇往直前，浸润着中华民族形成一往无前、坚忍不拔的民族性格。同时，与黄河抗衡和搏斗中也彰显了中华民族勇于斗争无坚不摧的民族气魄。

参考文献

［1］徐吉军．论黄河文化的概念与黄河文化区的划分［J］．浙江学刊，1999（6）：134–139.

［2］武沐，王希隆．试论明清时期河湟文化的特质与功能［J］．兰州大学学报，2001（6）：45–52.

［3］恩和特布沁．论河套文化对民族文明的贡献［J］．前沿，2008（8）：88–91.

［4］司马迁．史记［M］．北京：中华书局，1982.

［5］刘成纪．关于中原文化的三个基本问题［J］．郑州大学学报（哲学社会科学版），2007（6）：73–77.

［6］逄振镐．关于齐、鲁文化“融合”问题［J］．管子学刊，1999（1）：58–64.

第三章　黄河物质文化遗产

黄河流域地跨九省（自治区），横贯我国版图，流域面积广大。黄河源远流长，孕育了中华文明。从古至今，黄河流域的文化遗产灿若繁星，保护和利用整个黄河流域的文化遗产，首先需要对黄河文化遗产资源进行有效的整理和分类，并梳理黄河文化遗产资源保护和管理现状。

第一节　黄河文化遗产概况

中华文明发源于黄河流域，黄河是中华文化的“根”与“魂”。上下五千年历史源远流长，在黄河流域留下了众多文化遗产。沿黄各省（自治区）的文化遗产各具特色，这些文化遗产拥有突出的历史价值、文化价值、科研价值、艺术价值等。

一、黄河流域文化遗产丰富

黄河流域包括青海省、四川省、宁夏回族自治区、甘肃省、内蒙古自治区、陕西省、山西省、河南省、山东省 9 个省区，流域面积 752443 平方公里。从中华文明诞生之初至今，其中 3000 多年时间里是全国的政治、经济、文化中心都聚集在黄河中下游。黄河流域历史源远流长，保留了众多文化遗产遗迹。全国第三次文物普查结果也表明黄河流域具有丰富的文化遗产，其不可移动文物占全国不可移动文物总数的 16.2%（约 12.4 万处），区域不可移动文物密度大约是国家平均密度的 1.9 倍[1]。

二、黄河文化遗产价值突出

据不完全统计，截至 2019 年年底，黄河流域博物馆共有 715 处，国家历史文化名城 16 处，中国历史文化名村 90 处。世界文化遗产 12 处，全国重点文物保护单位 2119 处，其中尤其以线性水利工程价值突出。黄河流域重要世界文化遗产如表 3–1 所示。

表 3–1　黄河世界文化遗产

名称	地理位置	主要价值
殷墟	河南省安阳市	都城建筑遗址、甲骨文、青铜器（后母戊鼎）玉器展现商代晚期辉煌灿烂的青铜文明
五台山	山西省忻州市	中国四大佛教名山之首，享有“佛国”盛誉，是世界现存较为庞大的佛教古建筑群之一
孔庙，孔林，孔府	山东省曲阜市	孔庙、杏坛、十三碑亭，中国唯一规模最大的集祭祀孔子嫡系后裔的府邸和孔子及其子孙墓地于一体的建筑群
龙门石窟	河南省洛阳市	卢舍那大佛、“剪刀手”佛像、古阳洞、宾阳中洞、莲花洞，代表了中国石刻艺术的最高峰
登封天地之中历史建筑群	河南省登封市	中岳庙、周公测景台与登封观星台，中国先民独特宇宙观和审美观的真实体现
平遥古城	山西省晋中市	明清一条街、平遥县衙博物馆，中国汉民族地区现存最为完整的古城
泰山	山东省泰安市	五岳之长，封禅祭祀活动、诗文石刻、古代文化发祥地（南麓的大汶口文化，北麓的龙山文化）
云冈石窟	山西省大同市	昙曜五窟，石窟艺术“中国化”的开始
秦始皇陵	陕西省西安市	世界上规模最大、结构最奇特、内涵最丰富的帝王陵墓，世界第八大奇迹
丝绸之路	沿线城市西安、兰州、洛阳	黄河流域几段丝绸之路：湟水谷地—河湟道（青海湖—甘肃临洮南）；泾水谷地—泾河沿线（长安至兰州）；渭水谷地—渭水河谷道（长安至兰州）。另外，青海省官亭镇临津古渡、甘肃省靖远县阴口渡口等重要文化遗址分布在沿线

三、黄河文化遗产各具特色

（一）黄河流域上游——石窟分布众多

黄河流域上游流经青海省、甘肃省和宁夏回族自治区三个省（区），就黄河流域三个不同地理区域的文化遗产整体分布情况而言，其上游为文化遗产数目最少的河段。在上游文化遗产数目方面，黄河所流经的三个省份中，甘肃省居于榜首。在上游文化遗产类型方面，相比较其他河段而言，石窟分布数量较多，且绝大多数分布于甘肃省。

中国石窟艺术是一种宗教文化，其制作素材取于各类佛教故事，自魏晋时期开始兴起，到隋唐时期走向繁荣。作为研究中国社会史、佛教史、艺术史及中外文化交流史的珍贵资料，石窟艺术在艺术构成上是集“建筑、雕刻、壁画”于一体的综合性整体——吸收了印度犍陀罗艺术精华、融汇了中国绘画和雕塑的传统技法和审美情趣以及反映了佛教思想及其汉化过程。位于甘肃天水的中国四大石窟之一的麦积山石窟保留着千余年来各个时期的雕像，记录着佛教泥塑艺术发展演变过程，被列入《世界遗产名录》。

（二）黄河流域中游——古城古墓遗址资源丰富

早在 180 多万年前，我国先民因“择水而栖”的习惯在黄河流域定居，在黄河水旁劳动、生息和繁衍，给黄河流域留下了数量繁多、类型全面的古遗址遗迹。黄河流域中游包括如今的内蒙古、陕西省和山西省，省内所留存的古迹延续时间绵长，能够较为系统地反映我国远古历史的发展过程。其中陕西、山西两省的古城古墓遗迹资源尤为丰富，有着“地上文明看山西，地下文明看陕西”的美谈。

山西省因气候干燥、山脉众多等原因，虫害、洪灾少，留下了大量木结构古建筑。据统计，山西省尚存的木结构建筑有 4 座属于唐代，3 座属于五代十国时期，99 座是宋、辽、金时期的。元代木结构建筑 350 余座，明清两代的建筑物更是不计其数，山西省因此被称为“中国地上文物宝库”。陕西省曾为十三朝古都，地下遗迹丰富。西安蓝田人遗址出土了头盖骨化石，是第四纪更新世早期人类活动的重要证明。半坡遗址是新石器时代仰韶文化聚落遗址，共发现房屋遗迹 45 座、窖穴 200 多处，揭露了半坡史前聚落的局部面貌。陕西还是拥有数目最多的陵墓群，有人文初祖黄帝的黄帝陵、千古一帝秦始皇的始皇陵、武则天和唐高宗的乾陵、汉武帝茂陵和睿宗李旦桥陵等，其中秦始皇陵最负盛名，秦兵马俑被称为世界八大奇迹之一。

（三）黄河流域下游——水利风景名胜分布众多

黄河流域下游流经河南省和山东省两个省份，就黄河流域三个不同地理区域的文化遗产分布情况而言，下游的文化遗产数目仅次于黄河中游河段。在下游文化遗产数目方面，河南省多于山东省。在下游文化遗产类型方面，相比较于其他河段而言，其水利工程遗址分布数量较多，且较为均匀地分布于河南和山东两省。

“善治国者必先治水。”对于水资源的开发利用，中国历史悠久。“兴修水利”也曾一度被历代王朝视为治国安邦的大计，随之也建成了一批极具规模的水利工程。此外，由于我国幅员辽阔，水利工程也呈现出了多样性特点。各地因地制宜修建水利工程，西北的坎儿井、中原地区的陂塘、西南的堰坝和东南的海塘等，层出不穷，独具特色。三门峡黄河风景区位于河南省三门峡市，其主要景点“万里黄河第一坝”——三门峡水利枢纽工程是我国在黄河干流兴建的第一座水利枢纽工程。小浪底水利枢纽（位于河南省洛阳市与济源市交界处）在黄河干流上，是黄河中游最后一段峡谷的出口，小浪底水利风景区有“小千岛湖”的美称，是山、水、林、草为特色的大型生态园林。

第二节　黄河文化遗产分类

黄河流域在地理位置上呈带状分布，流域内文化遗产类型众多且呈线性分布。涉及的省份和区域广泛，在对黄河文化遗产进行统计过程中容易出现扩大范围的现象。如何对黄河流域文化遗产进行界定并确定相关分类标准至关重要。

《保护世界文化和自然遗产公约》指出物质文化遗产主要包括历史文物、历史建筑（群）和人类文化遗址[2]。按照有形和无形来分，文化遗产包括物质文化遗产和非物质文化遗产。赵虎将黄河文化遗产的构成体系划分为水工遗存、伴生遗存、历史街区村镇、环境景观和非物质文化遗产[3]。张新斌在《河南日报》发表文章，他认为黄河流域所有文化遗产都可以归为黄河文化遗产，主要包含反映黄河历史文明进程的遗址遗产、代表黄河盛世文明的都城遗产（大古都遗址）、反映黄河文化伟大成就的遗产、记录历代黄河变迁与治理成就的遗产和反映黄河文化的非物质文化遗产五类。

黄河流域文化遗产按文化类型来分：伏羲文化遗产、老子文化遗产、农耕文化遗产、漕运文化遗产、根亲文化、黄泛区治理文化遗产、黄泛区农垦文化遗产、鸿沟文化遗产、古都文化遗产、地域文化遗产等，其中地域文化遗产常常又细分为河湟文化、三晋文化、关中文化、河洛文化、齐鲁文化、海岱文化。该方法容易产生交叉重叠和遗漏的现象。因此，我们采纳综合已有分类方法将黄河文化遗产分为史前人类文明遗址、建筑类文化遗产、黄河故道及水工文化遗产、黄河相关联水利风景区、非物质文化遗产五大类。由于黄河流域非物质文化遗产众多，我们将在下一章详细进行整理和叙述。

一、黄河流域史前人类文明遗址

黄河流域是中华文明发源地，保留了众多对研究中华文明进程具有重要意义的文化遗址，包括西侯度遗址、蓝田猿人遗址、花石浪遗址、丁村人遗址等，黄河流域重要文化遗址整理如表 3–2 所示。

表 3–2　黄河流域重要文化遗址

省	市	名称
青海省	海东市	喇家遗址
甘肃省	定西市	马家窑遗址
	天水市	大地湾文化

续表

省	市	名称
宁夏回族自治区	银川市	水洞沟遗址
内蒙古自治区	鄂尔多斯市	河套人遗址
陕西省	榆林市	石峁遗址
	西安市	老牛坡遗址
		蓝田猿人遗址
		半坡遗址
		姜寨遗址
	宝鸡市	周原遗址
山西省	临汾市	陶寺遗址
		丁村遗址
	运城市	西侯度遗址
	忻州市	天峰坪遗址
河南省	郑州市	双槐树遗址
		大河村遗址
		王城岗遗址
		裴李岗文化
	洛阳市	二里头遗址
	三门峡市	仰韶遗址
		庙底沟遗址
	濮阳市	西水坡遗址
	安阳市	羑里城遗址
山东省	济南市	城子崖遗址
		龙山文化
	泰安市	大汶口遗址
	聊城市	秦皇堤遗址

黄河中游山西省芮城县发现的西侯度遗址是中国已知最古老的旧石器时代的遗址，存在于更新世早期（旧石器时代早期最早阶段），约180万年前。遗址中带割痕的鹿骨和动物烧骨说明早期猿人已经会使用火。西安市东南蓝田县公王岭（距今约100万年）发现蓝田猿人遗址，是亚洲北部迄今发现的最古老的直立人类。

地质时代为中更新世中期（旧石器时代早期的中后阶段）的匼河文化分布于现山西省芮城县匼河村一带，被认为承袭于蓝田猿人文化，并发展为旧石器时代的丁村文化。丁村人遗址位于临汾市襄汾县县城以南约4公里，是我国旧石器时代中期文化的代表，在古人类学和考古学上占有很重要的地位，填补了我国旧石器时代中期人类化石和文化的缺环，是更新世晚期（旧石器时代中、晚期）早期智人的生活遗址。花石浪遗址发现距今25万~50万年前（更新世中晚期）的洛南猿人，位于陕西省洛南县城关镇东河村后花石浪山上。有学者认为可能到早更新世的晚期，洛南猿人早于蓝田人，洛南猿人顺洛河而上至秦岭再顺灞河而下不远就是公王岭，所以公王岭猿人遗址实际上即是洛南猿人向西发展的一个散居点。

旧石器时代晚期的文化遗址呈现出文化传播和交流的迹象，也不断有新的元素出现，不断推动新时期文化的萌芽和发展。宁夏银川市灵武市临河镇水洞沟村发现水洞沟遗址，其代表的水洞沟文化表明了西方旧石器晚期文化向东的传播，也是东亚旧石器文化中为数不多的可以和欧洲旧石器文化进行对比的一种文化形态。距今约3.3万年前，中国本土的旧石器组合开始较为频繁地出现新的文化因素，包括装饰品、骨器、远距离优质原料利用等，预示着本土旧石器时代晚期的开始。距今约2.5万年前，细石叶技术的出现和在中国北方逐渐流行的趋势，代表了中国北方旧石器时代晚期的发展阶段。

新石器时代遗址的文化遗址类型多样，呈现出时代演进和地域分布差异。山东地区历经后李文化、北辛文化、后李二期、大汶口文化、龙山文化。豫北冀南历经磁山文化、北辛文化、后岗一期、庙底沟文化、大司空文化、后岗二期。河南中部地区文化演化历经裴李岗文化、王湾一期、庙底沟文化、秦王寨亚文化、王湾三期。晋中地区历经后岗一期、庙底沟、义井类型、庙底沟文化二期、游遨文化。内蒙古中部地区历经南后岗一期、半坡文化、庙底沟文化、仰韶文化晚期海生不浪类型、老虎山文化和阿善文化、游遨文化。晋南地区历经枣园、褚村一期、庙底沟、仰韶晚期半坡晚期类型、庙底沟二期、陶寺文化。晋西南豫地区历经西老官台文化大地湾一期、半坡文化、庙底沟文化、仰韶晚期庙底沟晚期类型、客省庄文化三里桥类型。关中地区历经老官台文化大地湾一期北首岭类型、半坡文化、庙底沟文化、仰韶晚期半坡文化晚期类型、常山下层文化、齐家文化。陇东地区历经大地湾文化大地湾一期、半坡类型、庙底沟文化、马家窑文化马家窑类型、马家窑文化半山类型、马家窑文化马厂类型、齐家文化。

二、建筑类文化遗产

黄河流域建筑类文化遗产主要包括从夏朝一直到北宋各个朝代古都遗址、古城址，祈祷祭祀的庙宇遗址，皇帝巡视、名臣建功的纪念性石碑、古陵墓、石窟、碑刻、碑刻和摩崖石刻等。

（一）古都遗址

夏朝共迁都 17 次，主要集中在河南省东北部、中部和山西省西南部，迁移路线前期主要在嵩山南北迁移，后期从河南东北部到斟鄩（今河南偃师二里头村附近）反复迁移。禹初建国时，定都阳城（今河南登封市告成镇）。太康迁都斟鄩，太康、仲康、羿、寒浞、夏桀皆以斟鄩为都。商朝首先是《竹书纪年》上的记载：亳（今河南商丘）、嚣（隞）（今河南郑州）、相（今河南内黄）、耿（今山西河津）、庇（今河南安阳）、奄（今河南漯河）、殷（今河南安阳）。周文王定都丰，周武王定都镐，后关中被犬戎攻陷，周平王迁都洛邑（今河南省洛阳市）。主要遗址有丰镐遗址。随后，秦朝定都咸阳，西汉定都长安，东汉定都洛阳、魏晋定都洛阳，隋唐定都长安，北宋定都汴梁（今河南开封）。十大古都黄河流域占据 6 个，分别是西安、洛阳、开封、安阳、郑州、大同。尤其是洛阳自东向西依次密集排列着 5 座古都城：商都、夏都、汉魏故城、隋唐城、周王城（见表 3–3）。

表 3–3　黄河流域古都

古都	地理位置	主要成就
禹都阳城遗址（王城岗古城）	河南省郑州市	砂质与泥质陶器，陶色多灰色，并有棕陶与黑陶；早期青铜器遗物
二里头夏都遗址	河南省洛阳市	王城格局、宫城规制、王室仪典、制器工艺以及开创了中国龙形象先河的“绿松石龙形器”
偃师商都遗址（尸乡沟商城遗址）	河南省洛阳市	古称西亳，商第一个都城，夏文化和商文化的分界，出现铜、锡、铅合金
郑州商城遗址	河南省郑州市	杜岭方鼎，填补商代前期历史空白，为研究奴隶社会和城市建筑发展提供珍贵历史资料。我国最早且规模最大的都城
安阳殷墟	河南省安阳市	甲骨文、后母戊鼎、商代数学、纺织技术品种丰富，提花机
朝歌古城	河南省鹤壁市	商纣王墓、古灵山、摘星台、纣王宫、云梦山战国军校、淇园；历史名人比干、鬼谷子、荆轲、箕子、许穆夫人等
周原遗址	陕西省宝鸡市	甲骨卜辞、庄白窖藏、董家窖藏、齐家窖藏、带铭文的青铜器、铸铜作坊、西周“第一豪车”
丰镐遗址	陕西省西安市	400 多座墓葬及陪葬的车马坑、马坑和牛坑，青铜礼器（部分有铭文）
秦咸阳城遗址	陕西省咸阳市	瓦当、阿房宫、六国宫殿、“物勒工名，以考其诚”的制度、陈爰金币、冶炼技术、诏版
汉长安城遗址	陕西省西安市	长乐宫、建章宫、未央宫、秦封泥
汉魏洛阳故城	河南省洛阳市	宫城、内城、外郭城、永宁寺塔、东汉太学、灵台遗址和金村东周大墓
隋大兴城遗址	陕西省西安市	皇城、郭和坊，城市规建精巧
唐长安城遗址	陕西省西安市	隋大兴城遗址扩建
北宋东京遗址	河南省开封市	“城摞城”

（二）古城址遗址

黄河流域内古城址具有深厚的历史底蕴，早期古城址主要发挥着政治中心、人口聚居地和军事防御中心的作用，随着商品经济的发展，商业功能增加。黄河流域古城遗址数量繁多，保存完好。

最早有始建于西周宣王时期，扩建于明代洪武年间的晋中平遥古城，是中国汉民族地区现存最为完整的古城，较为完整地呈现出明清时期的县城风貌。汉代有西海郡城址，今称海晏三角城遗址。隋唐的洛阳城遗址展现了隋唐两代都城风貌，都城中轴线由宫城的应天门、皇城的端门、天津桥、天街和郭城的定鼎门串联组成。宋代有位于河西走廊西端的定西古城，连接东部玉门市，西部敦煌市，是古丝绸之路的商贾重镇。明代的杀虎口（也称西口），地形险峻，是古代军事要塞和边贸重镇，承载了古帝王的荣耀和晋商商帮的梦想。山西晋城的砥洎城也是明代民居的代表性建筑（见表3–4）。我国八大古都之一洛阳拥有丰富的古迹，以悠远的历史文化闻名，其中的县广泛分布着著名的古城址遗迹，由南至北有新安县、孟津县、宜阳县、洛宁县、伊川县、汝阳县、嵩县和栾川县。

表3–4 黄河流域古城址

省	地理位置	名称	文化特色
青海省	海北藏族自治州	海晏三角城遗址	币钱、铭文瓦当、石虎
甘肃省	定西市	安西古城（古瓜州）	锁阳城和榆林窟
山西省	朔州市	杀虎口	古长城、古驿道、烽火台、苏武三别
	晋中市	平遥城墙	文庙大成殿，清虚观，市楼、城隍庙
	晋城市	砥洎城	张椿、张敦仁、郭璋
河南省	洛阳市	隋唐洛阳城遗址	定鼎门、天津桥、应天门、明堂、天堂、白居易履道坊遗址
		洛宁	洛河龟书、香山寺扭劲柏、神灵寨国家森林公园、国家地质公园
		宜阳	甘棠思召伯、锦屏奇观、女儿山（花果山原型）、灵山寺四大奇观、连昌河李贺、后晋显陵、《春行即兴》
		栾川	老君山（鸡冠洞）、龙峪湾、重渡沟、养子沟、蝴蝶谷、抱犊寨、天河大峡谷

续表

省	地理位置	名称	文化特色
河南省	洛阳市	嵩县	大禹嵩县娶妻生启、伊尹灭夏、楚庄王问鼎中原、伏牛山、熊耳山、外方山、“三水分流”
		汝阳	汝阳黄河巨龙、西泰山、炎黄峰、情侣峰、杜康酒发祥地
		伊川	伊尹故里、鸣皋理学发源地、龙头沟、范仲淹墓、二程墓、土门遗址、徐阳墓地
		新安	汉函谷关、终军弃𦈡、张钫、杨仆、韩擒虎、黛眉山、龙潭大峡谷
		孟津	诗经、王维杂诗三首、邙山、伯夷叔齐、贾谊、神笔王铎、金谷园

（三）古陵墓

曾子云“慎终追远，明德归厚”，体现了墓葬在古人心中占据重要地位。陵墓多选址于依山傍水的风水宝地，周边植被条件优越，墓中放置了不计其数的书画典藏、玉石宝器等珍宝，具有独特的审美价值和文化价值。

黄河流域的陵墓资源极为丰富。对于帝王来说，墓葬不仅是“事死如事生”般养尊处优生活的延续，更是一种巩固封建统治的手段。最早有位于陕西延安的黄帝陵，如今有“天下第一陵”的美称，秦代有陕西临潼骊山的秦始皇陵，汉代有位于陕西的西汉帝陵群和河南洛阳的东汉帝陵群，隋朝有陕西咸阳的隋文帝泰陵，唐代有高宗和武则天合葬的乾陵、唐太宗昭陵，北宋有嵩山洛水间的宋帝陵，元代有坐落于鄂尔多斯草原上的成吉思汗陵。帝王陵墓大多妇孺皆知，声名远扬。除此之外，黄河流域还广泛分布着文人骚客、英雄圣贤的陵墓。例如，周部落首领公刘、汉代民族英雄苏武、霍去病、史学家司马迁等均安葬在陕西省，河南省有唐代大诗人白居易、韩愈之墓，北宋杰出政治家范仲淹墓等。这些陵墓都是黄河流域珍贵的历史瑰宝，被人们瞻仰拜谒（见表3–5）。

表 3–5　黄河流域古陵墓

省（自治区）	市	名称
内蒙古自治区	鄂尔多斯市	成吉思汗陵
陕西省	延安市	黄帝陵
	咸阳市	西汉帝陵
		唐高宗乾陵
		苏武墓
		隋文帝泰陵
		公刘墓
		汉武帝茂陵
		唐太宗昭陵
	西安市	西汉帝陵
		秦始皇陵
	兴平市	霍去病墓
	韩城市	司马迁墓
山西省	运城市	司马光墓
河南省	巩义市	北宋皇陵
	洛阳市	范仲淹墓
		白居易墓
		东汉帝陵
		汉光武帝陵
	孟州市	韩愈墓
山东省	聊城市	曹植墓

（四）塔寺庙观

最初用于供奉或收藏佛骨、佛像、佛经等的传统建筑是塔，其有着特定的风格和形式。按照不同的分类标准，塔的类型丰富多样，而今位于陕西省西安市的大雁塔，则是我国现存最早、规模最大的唐代四方楼阁式砖塔。

佛教庙宇和祠堂或其他宗教教徒礼拜、讲经的处所都可称为“寺”。佛教庙宇和祠堂是以塔 / 浮屠为中心的佛教寺院原型传入中国后被汉化发展的结果，曾经历了“舍宅为寺”的过程。河南省洛阳市的白马寺是佛教传入中国后兴建的第一座官办寺院。宁夏回族自治区吴忠市的同心清真大寺，也是宁夏现存历史最久、规模最大的一座伊斯兰教建筑。

庙原本是用于供祀祖宗的场所，坛庙建筑则是汉族用于祭祀天地日月山川和祖先社稷的。位于甘肃省天水市的伏羲庙就是用于供奉祭祀人文始祖伏羲的建筑；而历代帝王举行封禅大典和祭拜泰山神的场所则是始建于汉代的山东岱庙（位于山东省泰安市）。在汉代之后，人们逐渐将原始的神社（土地庙）与庙混在一起，且随着佛教的传入与推广，后代的佛教寺院也多被称为庙。

我国本土宗教——道教，其庙宇多被称为“观”。据赵彦卫《云麓漫钞》卷八记载：“秦皇、汉武始好神仙，方士祠祀始有观。”在道文化的发祥之地、我国著名的道教圣地——楼观台中包含了台、寺、观、院、塔等建筑，因而素有“天下第一福地”和“仙都”之称（见表 3–6）。

表 3–6　黄河流域塔寺庙观

省（自治区）	市（州）	名称
青海省	海东市	瞿昙寺
	西宁市	塔尔寺
甘肃省	甘南藏族自治州	拉卜楞寺
	天水市	伏羲庙
宁夏回族自治区	银川市	海宝塔
	吴忠市	一百零八塔
		同心清真大寺

续表

省（自治区）	市（州）	名称
内蒙古自治区	呼和浩特市	金刚座舍利宝塔
		万部华严经塔
	包头市	五当召
陕西省	西安市	大雁塔
		兴教寺
		楼观台
		小雁塔
		青龙寺
		大兴善寺
		香积寺
	榆林市	黄河宝刹 西津寺
		白云山庙
	宝鸡市	法门寺
山西省	吕梁市	玄中寺
	运城市	后土祠
		解州关帝庙
		永乐宫
		普救寺
	临汾市	广胜寺
	太原市	晋 祠
	晋中市	双林寺

续表

省（自治区）	市（州）	名称
河南省	开封市	祐国寺塔
		相国寺
	安阳市	岳飞庙
	新乡市	善护寺塔
	三门峡市	宝轮寺塔
	焦作市	妙乐寺塔
		嘉应观
	洛阳市	白马寺
	济源市	济渎庙
山东省	济南市	四门塔
		灵岩寺
	泰安市	岱庙
	聊城市	聊城铁塔
		光岳楼
	济宁市	水泊梁山莲台寺

（五）石窟

黄河流域石窟的分布受宗教、政治经济等因素的影响。佛教从公元 1 世纪开始从中亚经河西走廊传入内地，黄河流域较早接触到佛教文化。佛教倡导教徒们修建石窟、石寺以祭拜和祈祷，人们在甘肃、宁夏等地修建了许多精美壮观的石窟。处于“丝绸之路”咽喉地段的甘肃省石窟分布较为密集且数量繁多，据不完全统计，甘肃省各地现存石窟 190 余处。佛教还依存于当时的政权，我国历史上著名的古都西安、洛阳和开封，人口分布密集，商品贸易发达，石窟往往分布于政治中心的周边、重要交通路段上，且得益于黄河流域干燥少雨的气候条件、黄土层沉积深厚的地质条件，黄土具有直立性好、不易坍塌的特点，使得黄河流域石窟遗迹保存数量多，延绵时间长。

因地质条件的差异，不同岩石类型决定了石窟不同的艺术风格。宁夏炳灵寺石窟、甘肃庆阳北石窟寺石窟、河南洛阳龙门石窟是典型的白垩纪砂岩中的石窟，以精细雕刻为特点。甘肃天水麦积山石窟、钟山石窟是第三纪砾岩中石窟的代表，岩石坚硬粗糙，不易精雕，以石胎泥塑为特色。还有第四纪半胶结的沙砾石层中的石窟，如敦煌莫高窟等，以壁画彩塑为特色（见表 3–7）。

表 3–7　黄河流域石窟

<table>
<tr><th>省（自治区）</th><th>市（州）</th><th>名称</th></tr>
<tr><td rowspan="5">甘肃省</td><td>临夏回族自治州</td><td>炳灵寺石窟</td></tr>
<tr><td rowspan="2">天水市</td><td>水帘洞石窟</td></tr>
<tr><td>麦积山石窟</td></tr>
<tr><td rowspan="2">庆阳市</td><td>北石窟寺</td></tr>
<tr><td>石空寺石窟</td></tr>
<tr><td>宁夏回族自治区</td><td>固原市</td><td>须弥山石窟</td></tr>
<tr><td rowspan="3">陕西省</td><td>咸阳市</td><td>大佛寺石窟</td></tr>
<tr><td rowspan="2">延安市</td><td>清凉山石窟</td></tr>
<tr><td>钟山石窟</td></tr>
<tr><td rowspan="3">河南省</td><td rowspan="2">洛阳市</td><td>龙门石窟</td></tr>
<tr><td>西沃石窟</td></tr>
<tr><td>巩义市</td><td>巩县石窟</td></tr>
</table>

（六）碑刻、摩崖石刻

碑刻原本是在宫庙中用来观察日影和祭祀者在庙前用来拴住牲畜的石头。当碑石上出现刻文后，碑刻也就多了“记事”这一功能。在我国，碑刻数量众多，碑刻内容所涉及的范围极为广泛，因而其类别也为繁多。因其保存内容及方式的独特性，各类碑刻对于历史研究具有极大的意义，据清朝钱大昕在《关中金石记序》中记载，“金石之学，与经史相表里……盖以竹帛之文久而易坏，手钞板刻展转失真，独金石铭勒，出于千百载以前，犹见古人真面目，其文其事，信而有征，故可宝也”。位于陕西省西安市的黄河图说碑，其碑身刻明嘉靖十四年黄河流经河南、山东等地的地形图，代表了黄河在明代中期的地形，同时也是现存最早的大型黄河水利图碑。虽然多年间黄河水道不断发生变更，但此碑依旧为研究历代黄河治理情况留下了宝贵的资料（见表 3–8）。

表 3–8　黄河流域碑刻、摩崖石刻

省（自治区）	市	名称
甘肃省	兰州市	创建兰州黄河铁桥碑
宁夏回族自治区	银川市	修唐徕渠碑
陕西省	西安市	黄河图说碑
	宝鸡市	渭惠渠放水典礼志盛碑
	榆林市	蒙汉天书
		吴堡重修河神庙碑
	渭南市	敕修同州韩城河渎灵源王庙碑
	咸阳市	重修泾川五渠记碑
		仪师事迹记碑
山西省	临汾市	都总管镇国定两县水碑
	晋城市	沁河九女台洪水刻石
河南省	焦作市	嘉应观御碑
	济源	沁河千仓渠水利科条碑
	郑州市	杨桥河神祠碑
		渑池洪水刻石
		荥泽大工纪功碑
		荥泽八堡碑

续表

省（自治区）	市	名称
河南省	郑州市	郑工合龙碑
		花园口合龙纪念碑
	开封市	朱仙镇新河记碑
		黄陵岗塞河功完之碑
		浚惠济河碑
		柳园口吸水机记碑
	新乡市	柳卫璀堠碑
	濮阳市	培修金堤纪念碑
		敕修河道工完之碑
	商丘市	开归陈汝四郡河图碑
山东省	聊城市	山东黄河上游南岸民埝纪念碑
	菏泽市	高村合龙碑
		至正河防记碑
		障东堤碑
		董庄堵口合龙碑
	泰安市	东平十里堡治黄功德碑
		重修东平州戴村坝碑

自远古时代，摩崖石刻就被用于记事，因而具有极为丰富的历史内涵和史料价值。纵观摩崖石刻的整个发展历史，它盛行于北朝时期，直至隋唐以及宋元以后连绵不断。位于陕西省榆林市的蒙汉天书则属于摩崖石刻中独特的岩画。蒙汉天书的独特之处在于其是经过上万年的黄河河水冲刷和自然风蚀而形成的自然岩画。

三、黄河故道水工文化遗产

（一）黄河故道的定义

广义上黄河遗留下来的河道和河床都可以称作黄河故道，但学术研究中黄河故道一般特指淮河流域以北、河南兰考到古黄河入海口的黄河河道。该段河道经过河南省兰考—民权县—商丘市北—安徽省砀山县—江苏省徐州市北—宿迁市南—淮安市北—涟水县南—滨海县北—大淤尖村入黄海，如图 3-1 所示。这条黄河故道又被称为废黄河、淤黄河、故黄河。

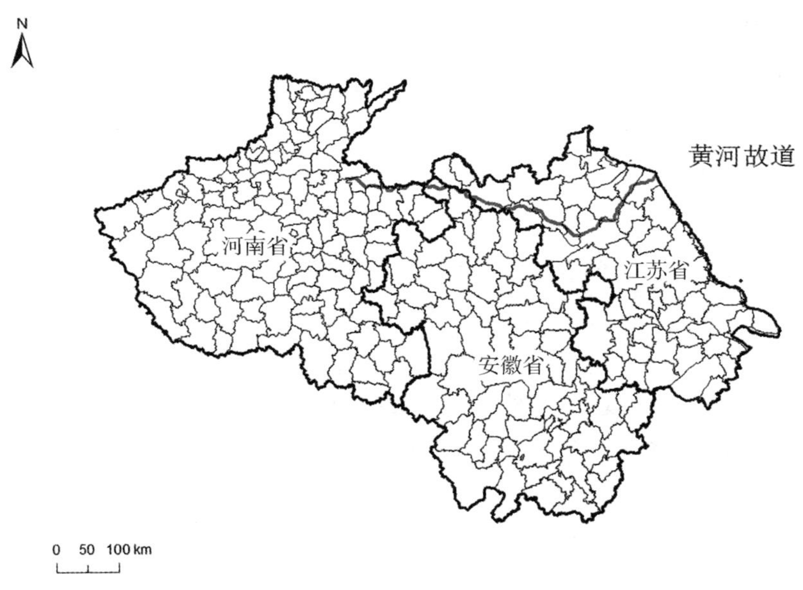

图 3-1　黄河故道示意

（二）黄河河道变迁

黄河河道在历史上有多次变迁。《山海经》是对于黄河河道现存最早的记载，书中以昆仑为基准记载了大禹治理黄河后的流向。“河水出东北隅，以行其北，西南又入渤海，又出海外，即西而北，入禹所导积石山东。”《尚书 · 禹贡》对禹河故道走向做了详细记载，“导河积石，至于龙门，南至于华阴，东至砥柱，又东至于孟津，东过洛汭，至于大伾；北过降水，至于大陆；又北播为九河，同为逆河入于海”。主要在黄河下游分流多股，注入渤海。

春秋时期发生第一次重大改道。黄河淤积，向“地上河”转变。诸侯国修建堤防抵御洪水，洪水水位不断抬高使得黄河经常决堤。《禹贡锥指》[4]，“周定王五年（公元前 602 年）河徙，自宿胥口（今浚县，淇河、卫河合流处）东行漯川，又经滑台城，又东北经黎阳县南，又东北经凉城县，又东北为长寿津（今河南滑县），河至此与深川别行而东北入海”。整个河道大概向东南方向平移。

图 3–2 给出了黄河从汉、元、宋到明清等时期的变迁情况。公元 11 年即王莽始建国三年，黄河发生第二次重大改道。今河北大名东，也就是魏郡元城的黄河决口，洪水在山东西部和河北东部泛滥了大约 60 年，直至公元 69 年王景治河，修建了自荥阳至千乘的黄河大堤。西汉的故道从濮阳至东光就变成枯河，后人称为王莽河。

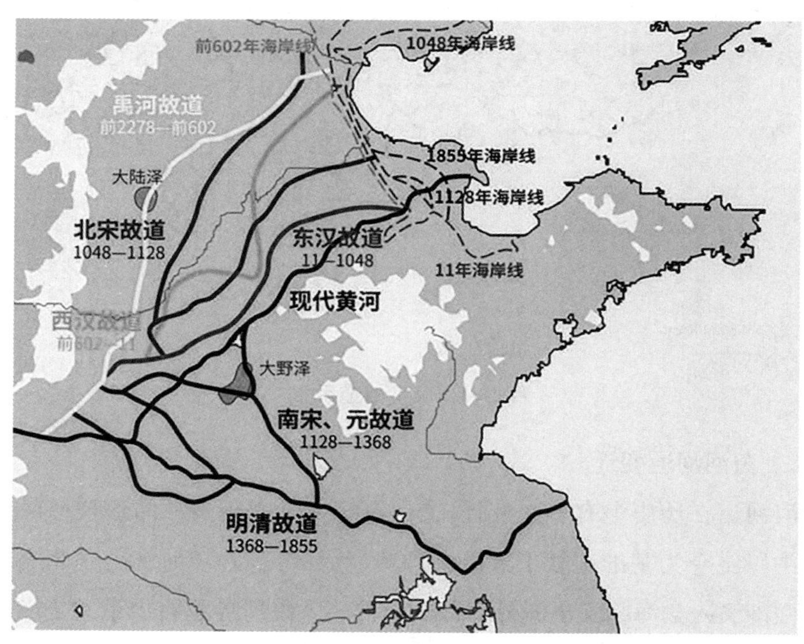

图 3–2　黄河河道变迁示意

图片来源于网络

时间来到1034年即景祐元年（宋仁宗赵祯年号），黄河第三次重大改道源于濮阳横陇决口，黄河向东北方向分流，经河北大名至滨州入海，形成了所谓的“横陇河道”。庆历八年（1048年），在濮阳商胡县发生决口，决口形成的新河道进一步向北摆动，经大名、聊城西到河北青县境与卫河结合，至天津入海，其所经行的路线称“北流”。1060年，在魏县第六埽（南乐西）分出一股分流，由山东堂邑、夏津等地，沿笃马河在山东和河北之间入海，称东流。

金兵于南宋建炎二年（1128年）南下，北宋东京留守杜充为防御南下的金兵用水来代兵，在现今滑县李固渡实施人为决河，由山东巨野、嘉祥一带注入泗水再入淮。第四次重大改道发生于金明昌五年（1194年），河决武阳（今河南原阳）分为南北两派，北派由北清河入海，南派由南清河入淮，北支大为减弱，黄河水大部由泗入淮。

第五次重大改道发生在明朝孝宗弘治六年（1493年）正月，为保持京杭大运河漕运的畅通，右副都御史刘大夏前往山东张秋治理黄河，在黄河北岸修筑大小两道长堤。其中的大堤起自大名府胙城，历经滑县、长垣、东明、曹州、曹县，抵达虞城，全长三百六十里，因其西起太行山脉，也被称为太行堤。小堤起自于家店，经过铜瓦厢、东桥，抵达小宋集，全长六十里。此次改道促成了后来持续300多年的明清河道雏形的形成，自此以后，“北流于是永绝，始以清口一线受万里长河之水”，黄河北流被彻底断绝，重新流入兰阳、考城河段，经徐州、归德、宿迁三个方向，最后都流入淮河入海。1546年，南流故道始尽塞，全河尽出徐、邳，夺泗入淮。其故道就是如今的淤黄河。

第六次重大改道在咸丰五年（1855年）六月，黄河决口处位于兰阳铜瓦厢，三股洪水穿过运河，挟大清河入海。东出曹州一股后来淤塞，另一股变成黄河的新河道，从而结束了黄河700多年夺淮入海的历史，又回到由渤海入海的局面。

后来1938年，国民党为阻挡侵华日军的西进，炸开河南郑州花园口大堤和中牟西北赵口大堤，两股洪水注入淮河，形成9年之久的改道。1947年3月，民国政府堵住决口，使黄河回归故道。

（三）黄河故道水工遗存

黄河故道水道遗存主要包括河湖闸坝（如徐州微山湖南的苏家山闸、菏泽苏泗庄闸、刘庄闸、苏阁闸三座引黄水闸等），含束水坝（如清口枢纽拦黄坝与束清坝）、挑水坝（如淮阴码头康熙御坝与顺黄坝）、减水闸坝（如安徽省砀山县毛城铺减水坝，萧县王家山天然减水闸，江苏省徐州十八里屯闸坝、睢宁县峰山四闸，宿迁市横亘泗洪县与泗阳县的归仁堤）、蓄水坝（如长 70 公里的高家堰）、顺水坝遗址，坝口跌塘（如涟水县的缺口、泗阳县的龙窝塘、杨工大塘、淮安大口子等），堤防（主要包括贾鲁河故道、太行堤遗址、茶城长堤遗址，淮安市淮阴区码头镇旧县村、仲庄村的三合土堤防，以及纤堤、缕堤、格堤、月堤、遥堤、汰黄堤等），渡口河口（如董沟口、直河口、大清口、小清口、仲庄口、张福口、杨庄中运河口）等，被黄河冲毁、淤废、淹埋的古运河（通济渠—汴河遗址），治黄的官署、卫所、厅汛遗址（如清江浦的河道总督署遗址、淮安新城的大河卫遗址、宿迁的桃宿通判署遗址等）。以上水工遗存都具有极高的科技价值和文物价值。

四、黄河相关水利风景区

水利风景区是黄河故事的载体，黄河生态、水利知识、文化遗产复合发展，促进黄河流域生态保护及文化功能，共同促进经济发展。黄河流域仍然有很多水利文化遗产在发挥作用（水利、交通等），不仅为沿岸居民提供便利，还演化出特色的景观，发挥着文化和社会功能（见表 3–9）。例如，青海三川黄河水利风景区，位于黄河旅游带、连接西宁和兰州，以炳灵水电站库区和禹王峡打造观光带，融合土族传统文化，活化水利风景区。内蒙古三盛水利风景区对废旧水利物资进行了大量的开发利用，景区打造大型黄河文化体验景区，讲好黄河故事。山东黄河口水利风景区，宣传“黄河从这里入海”，进行垦利黄河法治文化基地等法治景观建设。

表 3-9　黄河流域水利风景名胜

<table>
<tr><th>省（自治区）</th><th>市（州）</th><th>名称</th></tr>
<tr><td rowspan="3">青海省</td><td>果洛藏族自治州</td><td>玛多黄河源水利风景区</td></tr>
<tr><td>黄南藏族自治州</td><td>黄河走廊水利风景区</td></tr>
<tr><td>海东市</td><td>三川黄河国家级水利风景区</td></tr>
<tr><td>甘肃省</td><td>甘南藏族自治州</td><td>黄河首曲水利风景区</td></tr>
<tr><td rowspan="2">宁夏回族自治区</td><td>银川市</td><td>黄河横城旅游度假区</td></tr>
<tr><td>吴忠市</td><td>青铜峡大坝水利风景区</td></tr>
<tr><td rowspan="2">内蒙古自治区</td><td rowspan="2">巴彦淖尔市</td><td>黄河三盛公国家水利风景区</td></tr>
<tr><td>二黄河水利风景区</td></tr>
<tr><td rowspan="5">陕西省</td><td>咸阳市</td><td>郑国渠国家水利风景区</td></tr>
<tr><td rowspan="2">延安市</td><td>黄河壶口瀑布风景名胜区</td></tr>
<tr><td>黄河乾坤湾旅游景区</td></tr>
<tr><td rowspan="2">渭南市</td><td>金三角黄河水利风景区</td></tr>
<tr><td>黄河魂生态游览区</td></tr>
<tr><td rowspan="6">山西省</td><td>临汾市</td><td>黄河壶口瀑布风景名胜区</td></tr>
<tr><td>运城市</td><td>山西永济黄河蒲津渡水利风景区</td></tr>
<tr><td rowspan="3">忻州市</td><td>滹沱河水利风景区</td></tr>
<tr><td>滹源水利风景区</td></tr>
<tr><td>汾源水利风景区</td></tr>
<tr><td>太原市</td><td>汾河水利风景区</td></tr>
<tr><td rowspan="6">河南省</td><td rowspan="2">洛阳市</td><td>洛阳孟津黄河水利风景区</td></tr>
<tr><td>黄河小浪底水利枢纽风景区</td></tr>
<tr><td rowspan="4">郑州市</td><td>郑州黄河风景名胜区</td></tr>
<tr><td>荥阳古柏渡南水北调穿黄水利风景区</td></tr>
<tr><td>禹州市颍河水利风景区</td></tr>
<tr><td>黄河花园口旅游区</td></tr>
</table>

续表

省（自治区）	市（州）	名称
河南省	焦作市	河南孟州黄河开仪水利风景区
		武陟嘉应观黄河水利风景区
	新乡市	长垣黄河水利风景区
	开封市	开封黄河柳园口水利风景区
	濮阳市	河南台前县将军渡黄河风景区
		范县黄河水利风景区
		濮阳黄河水利风景区
	商丘市	河南黄河故道国家森林公园
		民权黄河故道水利风景区
山东省	菏泽市	菏泽市赵王河水利风景区
		山东菏泽黄河水利风景区
	济南市	济南百里黄河风景区
	滨州市	山东邹平黄河水利风景区
		山东省滨州黄河水利风景区
		博兴县打渔张引黄灌区水利风景区
		无棣县黄河岛水利风景区
	德州市	禹城徒骇河水利风景区
		禹城大禹文化水利风景区
		夏津县黄河故道水利风景区
		黄河水利风景区
	聊城市	东阿县洛神湖水利风景区
		东阿黄河水利风景区

续表

省（自治区）	市（州）	名称
山东省	潍坊市	安丘市汶河水利风景区
	东营市	垦利区黄河口水利风景区
		利津县黄河生态水利风景区
	淄博市	山东淄博黄河水利风景区

陕西郑国渠水利风景区传承郑国遗风，依托泾水资源，充分利用引泾工程、治水名人、渠址遗迹和自然景观打造“世界灌溉工程遗产”品牌。山西汾河二库水利风景区依托汾河二库水利枢纽工程加强生态建设带动经济发展。河南古柏渡南水北调穿黄水利风景区依托南水北调穿黄工程改善生态环境，实现经济高质量发展。

参考文献

［1］万金红．保护黄河水利遗产　讲好“黄河故事”［J］．中国水利，2020（6）：61–64.

［2］Unesco P E. Convention concerning the protection of the world cultural and natural heritage［J］. Museum International，1973，25.

［3］赵虎，杨松，郑敏．基于水利特性的黄河文化遗产构成刍议［J］．城市发展研究，2021，28（2）：83–89.

［4］胡渭．禹贡锥指［M］．禹贡锥指，2006.

第四章　黄河非物质文化遗产

非物质文化遗产分类是非物质文化理论研究的重要组成部分，也为非物质文化遗产保护实践工作奠定了基础。黄河流域非物质文化遗产硕果累累。本章对黄河流域九个省份国家级非物质文化遗产特色进行梳理和介绍。

第一节　黄河流域非遗概况

黄河流域 9 省（自治区）有 919 项国家级非物质文化遗产代表性项目，在全国的 1372 项中约占 67%。黄河文化源头格萨尔王藏剧、土族盘绣、花儿、河湟皮影、热贡艺术展现独特的艺术魅力；四川省九曲黄河第一大转弯是滋养木偶戏、川江号子、自贡灯会、藏族黑陶烧制技艺的沃土；甘肃省河西宝卷、秦腔、兰州鼓子、兰州黄河大水车制作技艺、太昊伏羲祭典、洮砚制作技艺等熠熠生辉；宁夏花儿、贺兰砚制作技艺、砖雕等光彩夺目；内蒙古长调民歌、蒙古族呼麦、那达慕、烤全羊技艺、蒙古族马具制作展现内蒙古人民的热情奔放；陕北黄土高原安塞腰鼓、窑洞、信天游、澄城刺绣奔放热情，明快艳丽，表达着对生命繁衍的讴歌；山西晋剧、莲花落、面食制作技艺，代表大众对生活美好的热切期盼。河南河图洛书传说、豫剧、河洛大鼓牡丹花会等民俗风情，异彩纷呈。山东省拥有丰富的古代神话故事和传说，如梁祝传说、孟姜女传说、八仙过海等，年画、泥塑、剪纸等民间文化遗产是齐鲁大地的民族历史沉淀和积累的结果，古乐器、秧歌、山东梆子、皮影戏无不彰显其丰富的历史古韵。

目前对非物质文化遗产分类主要有联合国教科文组织《保护非物质文化遗产公约》《中华人民共和国非物质文化遗产法》、我国国家级非物质文化遗产名录中的分类。以下将按照我国国家级非物质文化遗产名录中的分类展开介绍。

第二节　黄河流域各省（自治区）非遗资源

黄河流域多民族聚居，智慧勤劳的人民在长时间的生产生活中创造出丰富的非物质文化遗产，并不断传承和创新。不同自然环境和文化类型使得非物质文化异彩纷呈。

一、青海省

青海省先民在长期生产生活中创造了瑰丽的河湟文化、昆仑文化、三江源文化，留下众多非物质文化遗产。青海省多高原，自然环境粗犷豪放、神秘瑰丽，加上各民族不断融合，文化积淀具有丰富性、多样性、融合性的特征。青海省的非物质文化遗产是在生产生活中不断积淀下来的，是高原文化的独特象征，具有重要历史价值、文化价值和传承价值。

花儿会、塔尔寺花架音乐等传统音乐绕梁三日，青海省凭借众多传统音乐收获“民歌海洋”的美称。玉树土风舞、藏族螭鼓舞等传统舞蹈奔放热烈，表现了青海省高原文化独特的文化特征。河湟皮影、马背藏戏等传统戏剧源远流长，青海平弦、青海越弦、青海下弦等曲艺发挥着民间文艺的文化交流传播和教育功能。南山射箭、玉树赛马会、土族轮子秋等传统体育竞技吸引众多关注。土族纳顿节、藏族、土族热贡六月会、蒙古族那达慕、土族婚礼、撒拉族婚礼、九曲黄河灯俗、贵德六月庙会、青海湖祭海蒙古族服饰、藏族服饰、藏族服饰、藏族服饰、土族服饰、撒拉族服饰、德都蒙古全席、尖扎达顿宴等民俗使得青海省的文化氛围更加浓厚，地域风情更加具有个性。

格萨尔、阿尼玛卿雪山传说等民间文学，广为流传，是全国文化宝库中的瑰宝。藏族唐卡、土族盘绣、塔尔寺酥油花、热贡艺术、灯彩、石雕、藏文书法、湟中堆绣、藏族刺绣等传统美术，以及加牙藏族织毯、藏族黑陶烧制、藏刀锻制、撒拉族民居篱笆楼建造技艺、银铜器制作及镏金技艺、同仁刻版印刷技艺、班玛藏族碉楼营造技艺等传统技艺尽显青海人民的勤劳智慧，精美绝伦，令人拍案叫绝。传统中医诊疗法和藏医药更显藏文化的独特魅力（见表 4–1）。

表 4–1　青海省国家级非物质文化遗产代表性项目

类别	代表项目
民间文学	格萨（斯）尔、拉仁布与吉门索、康巴拉伊、汗青格勒、藏族婚宴十八说、阿尼玛卿雪山传说、骆驼泉传说、祁家延西、藏族民间传说（年保玉则传说）
传统音乐	花儿（老爷山花儿会）、花儿（丹麻土族花儿会）、花儿（瞿昙寺花儿会）、花儿（七里寺花儿会）、藏族拉伊、蒙古族民歌、藏族民歌（玉树民歌）、藏族民歌（藏族酒曲）、回族宴席曲、藏族扎木聂弹唱、佛教音乐（青海藏族唱经调）、佛教音乐（塔尔寺花架音乐）、青海汉族民间小调、撒拉族民歌、阿柔逗曲
传统舞蹈	弦子舞（玉树依舞）、锅庄舞（玉树卓舞）、锅庄舞（称多白龙卓舞）、锅庄舞（囊谦卓干玛）、土族於菟、藏族螭鼓舞、则柔（尚尤则柔）、安昭、锅哇（玉树武士舞）
传统戏曲	藏戏（黄南藏戏）、藏戏（青海马背藏戏）、皮影戏（河湟皮影戏）
传统曲艺	贤孝（西宁贤孝）、青海平弦、青海越弦、青海下弦
传统体育、游艺与杂技	传统箭术（南山射箭）、赛马会（玉树赛马会）、土族轮子秋
传统美术	藏族唐卡（化隆唐卡）、藏族唐卡（班玛马尾钉线绣唐卡）、藏族唐卡（藏娘唐卡）、土族盘绣、塔尔寺酥油花、热贡艺术、灯彩（湟源排灯）、石雕（泽库和日寺石刻）、藏文书法（果洛德昂洒智）、湟中堆绣、藏族刺绣（贵南藏族刺绣）
传统技艺	加牙藏族织毯技艺、雕版印刷技艺（同仁刻版印刷技艺）、陶器烧制技艺（藏族黑陶烧制技艺）、藏族金属锻造技艺（藏刀锻制技艺）、蒸馏酒传统酿造技艺（青海青稞酒传统酿造技艺）、蒙古包营造技艺、撒拉族篱笆楼营造技艺、碉楼营造技艺（藏族碉楼营造技艺）、银铜器制作及鎏金技艺、藏族鎏钻技艺、传统帐篷编制技艺（青海藏族黑牛毛帐篷制作技艺）
传统医药	中医诊疗法（海西民间青盐药用技艺）、藏医药（藏医药浴疗法）、藏医药（藏药阿如拉炮制技艺）、藏医药（七十味珍珠丸赛太炮制技艺）、藏医药（藏医放血疗法）、藏医药（尤阙疗法）

续表

类别	代表项目
民俗	土族纳顿节，藏、土族热贡六月会，蒙古族那达慕，土族婚礼，撒拉族婚礼，元宵节（九曲黄河灯俗），庙会（贵德六月庙会），青海湖祭海，抬阁（芯子、铁枝、飘色）（湟中县千户营高台），蒙古族服饰，藏族服饰，土族服饰、撒拉族服饰、德都蒙古全席、尖扎达顿宴

二、陕西省

从蓝田人繁衍生息起，陕西省文化序章就此拉开。半坡先民创造了灿烂的彩陶文化，众多王朝在陕西省建立都城，长期的生产生活孕育了众多的非物质文化遗产。长安是丝绸之路的起点，陕西省成为中外文化交流繁荣之地，文化呈现多元融合的特点。悠久的历史和对外文化交流使得陕西省非物质文化遗产内涵丰富、具有多元性和独特性。其中，黄帝陵祭典、炎帝祭典等民俗已经传承千年。

黄帝被称为人文始祖，先民为缅怀黄帝开始展开隆重的祭祀活动。最早开始祭祀黄帝的帝王是秦灵公，从汉代开始，祭祀黄帝成为官方传统。民国时期，孙中山先生出任临时大总统时派人赴黄帝陵祭祖。黄帝陵的祭祀方式主要分为官方和民间两种形式，官方祭祀更加肃穆庄严，民间祭祀没有固定的祭祀仪式。炎帝也是中华民族的始祖，其故里在陕西省宝鸡市，炎帝祭祀活动最早可以追溯到黄帝时期。炎帝误食断肠草逝于宝鸡，黄帝前去祭奠。秦灵公祭祀黄帝和炎帝，开官方祭祀炎帝的首例。直到 20 世纪 80 年代，民间祭祀炎帝的风气悄然兴起。黄帝祭奠和炎帝祭奠具有极高的历史价值、文艺价值，对中华儿女具有极强的感召力，能够增强海内外中华儿女的国家认同感，成为凝聚中华民族精神的文化符号。

另外，陕西省民间文学脍炙人口，牛郎织女传说、木兰传说、蔡伦造纸传说、谚语、仓颉传说、张骞传说等以传说和故事的形式为陕西省人民提供文化滋养。陕西省传统音乐形式多样，粗犷豪放，紫阳民歌、古琴艺术、唢呐艺术、西安鼓乐、蓝田普化水会音乐、陕北民歌、陕北民歌、镇巴民歌、韩城行鼓、高陵洞箫、洋县佛教音乐、白云山道教音乐、旬阳民歌等传统音乐长期影响着陕西人民的性格。传统舞蹈陕北秧歌欢快热烈、安塞腰鼓刚劲奔放、气势磅礴。凤翔木版年画、剪纸、年画等传统美术和陶瓷烧制技艺、烟火爆竹制作技艺、传统面食制作技艺、窑洞营造技艺等传统技艺无不展现陕西人民的勤劳智慧和独特创造力（见表 4–2）。

表 4–2　陕西省国家级非物质文化遗产代表性项目

类别	项目
民间文学	牛郎织女传说、木兰传说、蔡伦造纸传说、谚语（陕北民谚）、仓颉传说、张骞传说
传统音乐	紫阳民歌、古琴艺术、唢呐艺术（绥米唢呐）、唢呐艺术（子长唢呐）、西安鼓乐、蓝田普化水会音乐、陕北民歌、镇巴民歌、锣鼓艺术（韩城行鼓）、洞箫音乐（高陵洞箫）、佛教音乐（洋县佛教音乐）、道教音乐（白云山道教音乐）、旬阳民歌
传统舞蹈	秧歌（陕北秧歌）、安塞腰鼓、洛川蹩鼓、鼓舞（横山老腰鼓）、鼓舞（宜川胸鼓）、靖边跑驴
传统戏剧	秦腔、汉调桄桄、汉调二簧、碗碗腔（渭南碗碗腔）、商洛花鼓、道情戏（商洛道情戏）、二人台、皮影戏（华县皮影戏）、皮影戏（华阴老腔）、皮影戏（阿宫腔）、皮影戏（弦板腔）、木偶戏（郃阳提线木偶戏）、木偶戏（陕西杖头木偶戏）、眉户（华阴迷胡）、眉户、同州梆子、合阳跳戏、弦子腔
曲艺	陕北说书、榆林小曲、陕北道情、眉户曲子、韩城秧歌、洛南静板书、陕西快板
传统体育、游艺与杂技	红拳、幻术（周化一魔术）
传统美术	凤翔木版年画、剪纸（安塞剪纸）、剪纸（延川剪纸）、剪纸（旬邑彩贴剪纸）、泥塑（凤翔泥塑）、面花（黄陵面花）、石雕（富平石刻）、石雕（绥德石雕）、民间绣活（西秦刺绣）、民间绣活（澄城刺绣）、建筑彩绘（陕北匠艺丹青）、藤编（汉中藤编）
传统技艺	耀州窑陶瓷烧制技艺、澄城尧头陶瓷烧制技艺、烟火爆竹制作技艺（蒲城杆火技艺）、烟火爆竹制作技艺（架花烟火爆竹制作技艺）、楮皮纸制作技艺、蒸馏酒传统酿造技艺（西凤酒酿造技艺）、黑茶制作技艺（咸阳茯茶制作技艺）、传统面食制作技艺（老孙家羊肉泡馍制作技艺）、传统面食制作技艺（西安贾三灌汤包子制作技艺）、同盛祥牛羊肉泡馍制作技艺、窑洞营造技艺（陕北窑洞营造技艺）、关中传统民居营造技艺
传统医药	中医传统制剂方法（马明仁膏药制作技艺）、中医正骨疗法（朱氏正骨术）

续表

类别	项目
民俗	黄帝陵祭典、炎帝祭典、民间社火、民间社火（洋县悬台社火）、元宵节（彬县灯山会）、庙会（药王山庙会）、民间信俗（迎城隍）、祭祖习俗（徐村司马迁祭祀）

三、甘肃省

甘肃省物产丰富，回族、藏族等多民族聚集，历史文化底蕴丰厚，文化融合特点较为明显，甘肃独特而多元的文化展现该省独特风貌和文化生态。该地区的非物质文化遗产种类多元，独具特色，展现当地人民的独特智慧和地域风情。甘肃省各民族联系密切，在长期生产生活中创造独特的民族文化，哈萨克族阿依特斯、藏族唐卡（甘南藏族唐卡）、藏族唐卡（天祝唐卡）、蒙古族服饰、裕固族服饰、裕固族传统婚俗、甘南藏族自治州的龙神赛会等。

民间文学河西宝卷、格萨（斯）尔、米拉尕黑、肃北蒙古族祝赞词等加强甘肃人民的情感连接，强化地区文化认同，促进甘肃省多民族的文化交流和融合。甘肃人民将生活中的先贤智慧传承和发展，古为今用，例如，兰州黄河大水车制作技艺、天水丝毯织造技艺、传统面兰州牛肉面制作技艺、窑洞营造技艺、古建筑修复技艺、夜光杯雕、临夏砖雕等传统美术。民间各种形式的传统音乐、曲艺和歌舞，展现甘肃人民独特文化魅力，并世代传承，成为文化多样性的生动呈现。例如，传统音乐裕固族民歌、花儿，传统舞蹈傩舞、苦水高高跷，传统曲艺秦腔、曲子戏等。

甘肃省民俗独具风情，太昊伏羲祭典、女娲祭典广为流传。伏羲女娲，肇启文明，点燃了中华民族的文明薪火，为中华民族的文明进步和发展做出了巨大贡献，太昊伏羲祭典和女娲祭典已经成为凝聚中华民族共识和身份认同的重要民俗活动。另外元宵节（永昌县“卍”字灯俗）、元宵节（东山转灯）、民俗七夕节（乞巧节）等传统民俗也营造独特的传统节日氛围，促进传统文化传承（见表 4–3）。

表 4–3　甘肃省国家级非物质文化遗产代表性项目

类别	项目
民间文学	河西宝卷、宝卷（靖江宝卷）、宝卷（岷县宝卷）、格萨（斯）尔、米拉尕黑、祝赞词（肃北蒙古族祝赞词）
传统音乐	裕固族民歌、花儿（莲花山花儿会）、花儿（松鸣岩花儿会）、花儿（二郎山花儿会）、花儿（张家川花儿）、唢呐艺术、藏族民歌（华锐藏族民歌）、藏族民歌（甘南藏族民歌）、佛教音乐（拉卜楞寺佛殿音乐道得尔）、道教音乐（清水道教音乐）、甘州小调、两当号子
传统舞蹈	傩舞（文县池哥昼）、傩舞（永靖七月跳会）、高跷（苦水高高跷）、兰州太平鼓、锅庄舞（甘南锅庄舞）、鼓舞（凉州攻鼓子）、鼓舞（武山旋鼓舞）、多地舞、巴郎鼓舞、巴当舞、陇西云阳板
传统戏剧	秦腔、曲子戏（敦煌曲子戏）、曲子戏（华亭曲子戏）、曲子戏（民勤曲子戏）、道情戏（陇剧）、藏戏（南木特藏戏）、皮影戏（环县道情皮影戏）、皮影戏（通渭影子腔）、武都高山戏、通渭小曲戏
曲艺	贤孝（凉州贤孝）、贤孝（河州贤孝）、兰州鼓子、哈萨克族阿依特斯、秦安小曲、河州平弦、龙头琴弹唱
传统体育、游艺与杂技	拔河（万人扯绳赛）
传统美术	藏族唐卡（甘南藏族唐卡）、藏族唐卡（天祝唐卡）、剪纸（庆阳剪纸）、剪纸（会宁剪纸）、剪纸（定西剪纸）、庆阳香包绣制、夜光杯雕、临夏砖雕
传统技艺	生铁冶铸技艺、保安族腰刀锻制技艺、兰州黄河大水车制作技艺、雕漆技艺、毛纺织及擀制技艺（东乡族擀毡技艺）、地毯织造技艺（天水丝毯织造技艺）、砚台制作技艺（洮砚制作技艺）、传统面食制作技艺（兰州牛肉面制作技艺）、窑洞营造技艺、古建筑修复技艺、麻纸制作技艺（西和麻纸制作技艺）
传统医药	中药炮制技艺（岷县当归加工技艺）、藏医药（甘南藏医药）
民俗	七夕节（乞巧节）、太昊伏羲祭典　、女娲祭典（秦安女娲祭典）、元宵节（永昌县卍字灯俗）、元宵节（东山转灯）、民间信俗（西王母信俗）、民间信俗（岷县青苗会）、抬阁（芯子、铁枝、飘色）（庄浪县高抬）、蒙古族服饰、裕固族服饰、婚俗（裕固族传统婚俗）龙神赛会

四、山东省

山东省国家级非物质文化遗产项目共有 183 项。山东省是齐鲁文化的分布区域，文化底蕴深厚。家喻户晓的尧的传说、舜的传说、孟母教子传说、庄子传说、鲁班传说、八仙传说、泰山传说等民间文学彰显出齐鲁文化的历史悠久；孟姜女传说和牛郎织女传说从人性视角表达封建强权下人们对于美好感情的追求。山东省孔子的故乡，流传祭孔大典等重要民俗，展现当地独有的文化魅力和地域特征。

在传统音乐方面，聊斋俚曲、长岛渔号、鱼山梵呗、道教音乐等异彩纷呈。传统舞蹈场面宏大，秧歌龙舞、高跷、鼓舞、商羊舞、阴阳板等奔放欢快，艺术价值较高。传统戏剧经过不断的传承与发展，积淀下浓厚的历史文化底蕴，包括吕剧、柳腔、山东梆子、茂腔等。在传统曲艺方面山东大鼓、胶东大鼓、山东快书等脍炙人口。聊城杂技、梅花拳、蹴鞠、螳螂拳、佛汉拳、孙膑拳、肘捶、花键等传统体育、游艺与杂技集文化、娱乐、体育于一体，通过肢体动态展示文化特征。

高密扑灰年画、泥塑、面人、传统玩具、鲁绣等传统美术和潍坊风筝、周村烧饼制作、孔府菜烹饪技艺、德州扒鸡制作等传统技体现山东人民长久以来在生活中积累的智慧和独特的创造力。山东传统中医博大精深，东阿阿胶制作技艺、中医正骨疗法、宏济堂中医药文化等展现在传统中医实践中积淀传承下来的优秀成果（见表 4–4）。

表 4–4　山东省国家级非物质文化遗产代表性项目

类别	项目
民间文学	孟姜女传说、梁祝传说、陶朱公传说、尧的传说、牛郎织女传说、徐福传说、鲁班传说、八仙传说、舜的传说、庄子传说、柳毅传说、泰山传说、孟母教子传说
传统音乐	聊斋俚曲、古琴艺术（诸城派）、唢呐艺术、邹城平派鼓吹乐鲁西南鼓吹乐、长岛渔号、鲁南五大调、古筝艺术、临清驾鼓、鱼山梵呗、道教音乐、菏泽弦索乐等异彩纷呈。传统舞蹈包括：秧歌龙舞（龙灯扛阁）、高跷（独杆跷）、鼓舞（陈官短穗花鼓）、鼓舞（柳林花鼓）、鼓舞（花鞭鼓舞）、鼓舞（八卦鼓舞）、商羊舞、阴阳板
传统戏剧	大平调、京剧、柳子戏、大弦戏、四平调、柳琴戏、五音戏、茂腔、道情戏（沾化渔鼓戏）、一勾勾、皮影戏、二夹弦、吕剧、柳腔、山东梆子、莱芜梆子、枣梆、鹧鸪戏等

续表

类别	项目
传统曲艺	山东大鼓、胶东大鼓、山东快书、家喻户晓，另外还有山东琴书、莺歌柳书、山东落子、端鼓腔、东花鼓
传统体育、游艺与杂技	聊城杂技、梅花拳（梁山梅花拳）、蹴鞠、查拳、螳螂拳、佛汉拳、孙膑拳、肘捶、花毽、徐家拳
传统美术	杨家埠木版年画、高密扑灰年画、内画（鲁派内画）、剪纸（莒县过门笺）、剪纸（滨州民间剪纸）、剪纸（高密剪纸）、剪纸（烟台剪纸）、泥塑（聂家庄泥塑）、泥塑（惠民泥塑）、面人（曹州面人）、面人（曹县江米人）、面花（郎庄面塑）、草编（莱州草辫）、柳编（博兴柳编）、柳编（曹县柳编）、柳编（临沭柳编）、石雕（嘉祥石雕）、石雕（掖县滑石雕刻）、木雕（曲阜楷木雕刻）、木雕（曹县木雕）、核雕（潍坊核雕）、葫芦雕刻（东昌葫芦雕刻）、锡雕、木版年画（东昌府木版年画）、木版年画（张秋木版年画）、砖塑（鄄城砖塑）、传统玩具（郯城木旋玩具）、鲁绣
传统技艺	风筝制作技艺（潍坊风筝）、琉璃烧制技艺、琉璃烧制技艺、临清贡砖烧制技艺、陶器烧制技艺（德州黑陶烧制技艺）、鲁锦织造技艺、鲁锦织造技艺、黄金溜槽堆石砌灶冶炼技艺、漆器髹饰技艺（潍坊嵌银髹漆技艺）、蒸馏酒传统酿造技艺（景芝酒传统酿造技艺）、晒盐技艺（卤水制盐技艺）、周村烧饼制作技艺、酱肉制作技艺（亓氏酱香源肉食酱制技艺）、淄博陶瓷烧制技艺、孔府菜烹饪技艺、豆腐传统制作技艺、德州扒鸡制作技艺、龙口粉丝传统制作技艺、丝绸染织技艺（周村丝绸染织技艺）
传统医药	中医传统制剂方法（东阿阿胶制作技艺）、中医传统制剂方法（二仙膏制作技艺）、中医正骨疗法（新泰孟氏正骨疗法）、中医正骨疗法（徐氏中医正骨）、传统中医药文化（宏济堂中医药文化）
民俗	祭孔大典、泰山石敢当习俗、胡集书会、元宵节（淄博花灯会）、渔民开洋、谢洋节、灯会（渔灯节）、庙会（泰山东岳庙会）、民间信俗（东镇沂山祭仪）、抬阁（芯子、铁枝、飘色）（阁子里芯子）、抬阁（芯子、铁枝、飘色）（周村芯子）、抬阁（芯子、铁枝、飘色）（章丘芯子）、中元节（莱芜中元节习俗）

五、河南省

河南省非物质文化遗产丰富，非物质文化遗产具有历史悠久的特点。中华民族人文始祖的相关神话传说在河南大地广为流传，例如，炎帝、黄帝、伏羲、女娲、盘古、大禹、仓颉等，这些神话传说凝聚着中华儿女对民族文化的认同。“河图”“洛书”“周易”，少林拳、太极拳等武术文化，殷墟甲骨文等体现出河南省非物质文化遗产的根源性。在民间文学方面，除了史前神话，梁祝传说、董永传说、木兰传说、邵原神话群、老子传说、杞人忧天传说、玄奘传说，这些传说具有独特的地域特色，又彰显出非凡的文学创作功底和想象力。

河南地处中原地区，长久以来都是政治中心和文化中心，非物质文化遗产随着历史发展不断吸收其他文化精华，表现出强大的包容性。例如，传统曲艺不断吸纳其他地区的昆曲、京剧、评剧、蒲剧、柳琴戏、汉剧、眉户戏等曲艺的精华，形成河南省传统曲艺热烈豪放的特点。

另外，河南省非物质文化遗产具有重要文化价值，文化底蕴深厚。例如，上蔡重阳习俗、新郑黄帝拜祖祭典、太昊伏羲祭典、浚县民间社火、内乡打春牛习俗、浚县正月古庙会、商丘火神台庙会、关公信俗、打铁花、洛阳牡丹花会、老子祭典等表达人们对先贤的崇拜，也表达了对美好生活的期盼。河南省传统音乐和传统舞蹈富有文化艺术底蕴，展现的当地的文化艺术生态和居民性格，表现出强大的生命张力。传统体育、游艺与杂技中，少林拳和太极拳独具特色，文化底蕴深厚。少林拳讲究刚劲实用，也讲求刚柔相济，以佛教为文化内核。太极拳轻柔灵活，讲究以柔克刚，文化内核是道家。从一个侧面表征了河南儒、释、道文化和合统一，展现博大精深的文化底蕴（见表 4–5）。

表 4–5　河南省国家级非物质文化遗产代表性项目

类别	项目
民间文学	梁祝传说、董永传说、木兰传说、盘古神话、盘古神话、邵原神话群、老子传说、河图洛书传说、杞人忧天传说、玄奘传说
传统音乐	唢呐艺术、板头曲、信阳民歌、西坪民歌、江河号子（黄河号子）、古筝艺术（中州筝派）、笙管乐（超化吹歌）、锣鼓艺术（大铜器）、锣鼓艺术（开封盘鼓）、锣鼓艺术（中州大鼓）、佛教音乐（大相国寺梵乐）、传统舞蹈：龙舞（火龙舞）、狮舞（小相狮舞）、狮舞（槐店文狮子）、高跷（高抬火轿）、睢县麒麟舞、灯舞（苏家作龙凤灯舞）、跑帷子、官会响锣、耍老虎、传统戏剧：豫剧、宛梆、怀梆、大平调、越调、柳子戏、大弦戏、四平调、曲剧、道情戏（太康道情戏）、目连戏（南乐目连戏）、皮影戏（罗山皮影戏）、皮影戏（桐柏皮影戏）、花鼓戏（光山花鼓戏）、二夹弦、罗卷戏、二股弦、淮调、落腔

续表

类别	项目
曲艺	河洛大鼓、河南坠子、三弦书（南阳三弦书）、大调曲子、陕州锣鼓书
传统体育、游艺与杂技	少林功夫、太极拳（陈氏太极拳）、太极拳（和氏太极拳）、八极拳（月山八极拳）、心意六合拳、苌家拳、东北庄杂技、撂石锁、幻术（宝丰魔术）
传统美术	朱仙镇木版年画、剪纸（灵宝剪纸）、剪纸（卢氏剪纸）、剪纸（辉县剪纸）、泥塑（浚县泥咕咕）、泥塑（淮阳泥泥狗）、灯彩（洛阳宫灯）、灯彩（汴京灯笼张）、石雕（方城石猴）、玉雕（镇平玉雕）、木版年画（滑县木版年画）、麦秆剪贴、汴绣、烙画（南阳烙画）
传统技艺	宝剑锻制技艺（棠溪宝剑锻制技艺）、钧瓷烧制技艺、唐三彩烧制技艺、蒸馏酒传统酿造技艺（宝丰酒传统酿造技艺）、绿茶制作技艺（信阳毛尖茶制作技艺）、真不同洛阳水席制作技艺、窑洞营造技艺（地坑院营造技艺）、汝瓷烧制技艺、登封窑陶瓷烧制技艺、当阳峪绞胎瓷烧制技艺、鲁山窑烧制技艺（鲁山花瓷烧制技艺）、金镶玉制作技艺（郏县金镶玉制作技艺）、小吃制作技艺（逍遥胡辣汤制作技艺）
传统医药	中医诊疗法（买氏中医外治法）、中医诊疗法（毛氏济世堂脱骨疽疗法）、中医诊疗法（张氏经络收放疗法）、中医诊疗法（宋氏中医外科疗法）、中药炮制技术（四大怀药种植与炮制）、中医正骨疗法（平乐郭氏正骨法）
民俗	重阳节（上蔡重阳习俗）、黄帝祭典（新郑黄帝拜祖祭典）、太昊伏羲祭典、民间社火（浚县民间社火）、马街书会、药市习俗（百泉药会）、药市习俗（禹州药会）、农历二十四节气（内乡打春牛习俗）、庙会（浚县正月古庙会）、庙会（商丘火神台庙会）、民间信俗（关公信俗）、打铁花、洛阳牡丹花会、祭典（老子祭典）

六、内蒙古自治区

内蒙古自治区非物质文化遗产从悠久民族历史和文化传承中积淀下来，凝聚着千百年来的文化精髓，以独特的文化表现形式展现草原民族的理想追求。民间文学《格斯尔》《江格尔》歌颂正义战争和献身精神，表达向往和平和美好生活的愿景。英雄史诗类民间文学展现了众志成城的民族精神，促进多民族地区对于国家的认同感和归属感，影响民族感情和价值取向。

内蒙古自治区非物质文化遗产首先展现其开放包容的文化品质。文化发育和发展需要文化土壤，草原辽阔无垠，造就草原民族豪迈热情的性格，同时造就开放包容的草原文化。内蒙古地区在地理位置上处于重要战略地位，地跨东北、华北、西北，与俄罗斯、蒙古国毗邻。从古至今，内蒙古自治区文化交流活动频繁，异域文化、汉族文化、藏族文化等在内蒙古自治区不断融合发展，造就内蒙古自治区兼容并包的、海纳百川的特点。例如，传统游艺蒙古象棋，起源于古印度却图郎卡，13 世纪，由阿拉伯地区传入内蒙古地区，被称为世界上最古老的博弈游戏之一。内蒙古象棋既有鲜明的草原文化特色，又具有中外融合特点。乌拉特民歌是蒙藏文化结合的艺术形式，形成西部长调的艺术风格，内容以祝愿、赞扬恩德为主。

内蒙古地处内陆，气候干旱，冬季寒冷漫长。艰苦的生存环境使内蒙古地区人民以游牧和狩猎的生产生活方式为主。生存环境和生产方式造就冒险精神和斗争精神。传统体育达斡尔族曲棍球展现勇敢合作的民族精神。鄂温克族抢枢展现生活和狩猎中的勇气，展现娱乐性、搏击性和独特文化内涵。那达慕大会是蒙古族传统体育活动，蒙古族的胆识、智慧、勇气、力量在那达慕竞技活动中展现得淋漓尽致，通过传统体育活动的形式促进内蒙古地区进取的民族精神不断传承（见表 4–6）。

表 4–6　内蒙古自治区国家级非物质文化遗产代表性项目

类别	项目
民间文学	江格尔、格萨（斯）尔、巴拉根仓的故事、嘎达梅林、科尔沁潮尔史诗、祝赞词、鄂温克族民间故事
传统音乐	蒙古族长调民歌、蒙古族长调民歌（巴尔虎长调）、蒙古族长调民歌（乌珠穆沁长调）、蒙古族呼麦、多声部民歌（潮尔道—蒙古族和声演唱）、多声部民歌（潮尔道—阿巴嘎潮尔）、蒙古族马头琴音乐、蒙古族四胡音乐、爬山调、漫瀚调、蒙古族民歌（科尔沁叙事民歌）、蒙古族民歌（鄂尔多斯短调民歌）、蒙古族民歌（鄂尔多斯古如歌）、蒙古族民歌（乌拉特民歌）、蒙古族民歌（和硕特民歌）、鄂温克族民歌（鄂温克叙事民歌）、鄂伦春族民歌（鄂伦春族赞达仁）、达斡尔族民歌（达斡尔扎恩达勒）、阿斯尔、蒙古族汗廷音乐、潮尔（蒙古族弓弦乐）
传统舞蹈	达斡尔族鲁日格勒舞、蒙古族安代舞、查玛、萨吾尔登、鄂温克族萨满舞
传统戏剧	晋剧、二人台（东路二人台）、二人台、皮影戏（巴林左旗皮影戏）、曲艺：东北二人转、乌力格尔、达斡尔族乌钦、好来宝
传统体育、游艺和杂技	达斡尔族传统曲棍球竞技、蒙古族搏克、蒙古族象棋、沙力搏尔式摔跤、鄂温克抢枢、布鲁、蒙古族驼球、乌审走马竞技

续表

类别	项目
传统美术	剪纸（包头剪纸）、石雕（巴林石雕）、蒙古族刺绣、蒙古族刺绣（图什业图刺绣）、蒙古文书法、蒙古族唐卡（马鬃绕线堆绣唐卡）、毛绣（察哈尔毛绣）、皮艺（蒙古族皮艺）
传统技艺	弓箭制作技艺（蒙古族牛角弓制作技艺）、蒙古族勒勒车制作技艺、桦树皮制作技艺、桦树皮制作技艺（鄂温克族桦树皮制作技艺）、地毯织造技艺（阿拉善地毯织造技艺）、鄂伦春族狍皮制作技艺、蒙古族马具制作技艺、民族乐器制作技艺（蒙古族拉弦乐器制作技艺）、牛羊肉烹制技艺（烤全羊技艺）、蒙古包营造技艺、银铜器制作及鎏金技艺（乌拉特铜银器制作技艺）、奶制品制作技艺（察干伊德）
传统医药	中医传统制剂方法（鸿茅药酒配制技艺）、中医正骨疗法（三空李氏正骨）、蒙医药（赞巴拉道尔吉温针、火针疗法）、蒙医药（蒙医传统正骨术）、蒙医药（蒙医正骨疗法）、蒙医药（科尔沁蒙医药浴疗法）、蒙医药（蒙医乌拉灸术）
民俗	成吉思汗祭典、祭敖包、那达慕、鄂尔多斯婚礼、蒙古族婚礼（阿日奔苏木婚礼）、蒙古族婚礼（乌珠穆沁婚礼）、民间信俗（梅日更召信俗）、民间信俗（巴音居日合乌拉祭）、民间信俗（六十棵榆树祭）、抬阁（芯子、铁枝、飘色）（脑阁）、鄂温克驯鹿习俗、蒙古族养驼习俗、蒙古族服饰、俄罗斯族巴斯克节、察干苏力德祭、博格达乌拉祭、达斡尔族服饰

七、山西省

山西省在3000年前就有文字记载，尧的传说和舜的传说在山西大地广为流传，文化底蕴深厚。因地域内文化遗产不计其数，总量在全国名列前茅，被称为“中国古代文化博物馆”。在山西省国家级非物质文化遗产中，一些传统技艺成果已经称为山西省的象征，如山西老陈醋传统酿制技艺、阳城生铁冶铸术、平遥推光漆器髹饰技艺、杏花村汾酒酿制技艺、地窨院建筑技艺等。

山西省的陈醋酿造技艺发端于公元前8世纪，山西省太原市是酿醋的发源地。山西陈醋色泽棕红，醋香浓郁，被称为“天下第一醋”。阳城冶铁业发达，以精湛的冶铁技艺闻名遐迩，主要有坩埚、犁炉冶铁等，属犁镜铁范的制作历史最为悠久。平遥古城三宝包括“漆器牛肉长山药”，其中以漆器为三宝之首。平遥推光漆器古朴雅致，细腻顺滑，经久耐用，广受大众喜爱。杏花村遗址属于仰韶文化中期，在杏花村遗址发现仰韶文化时期的酿酒器物，可以判断在史前杏花村已经有酿酒活动。杏花村汾酒酿制技艺历史悠久，技艺精湛，杏花村汾酒绵柔不刺激，回味悠长，盛誉不衰。地窨院是由穴居时期的人类居所演变而来，承载着4000多年历史的沧桑变化，传承至今。

另外，传统音乐、舞蹈、曲艺和民俗活动，最能彰显山西的地域文化特征。山西省传统舞蹈热烈奔放，观众和表演者围聚在一起，场面宏大，如秧歌、高跷、舞狮等。左权小花戏是在春节过后，集体组织的领袖号召排练节目，在元宵节的时候沿街表演并进行比试。通过这种形式进行娱乐，同时祈祷四季平安，五谷丰登，其中也体现出传统农耕文化特点。山西省传承传统节日和传统习俗，春节、清明节、中秋节、重阳节等传统节日的习俗流传至今，如怀仁旺火习俗、娘子关跑马排春节习俗、介休寒食清明习俗、泽州中秋习俗、皇城村重阳习俗等（见表4–7）。

表4–7　山西省国家级非物质文化遗产代表性项目

类别	项目
民间文学	董永传说、杨家将传说（杨家将说唱）、尧的传说、牛郎织女传说、笑话（万荣笑话）、赵氏孤儿传说、白马拖缰传说、舜的传说、烂柯山的传说、广禅侯故事
传统音乐	左权开花调、河曲民歌、唢呐艺术（晋北鼓吹、上党八音会、上党乐户班社、晋北鼓吹、临县大唢呐、五台八大套）、晋南威风锣鼓、绛州鼓乐、上党八音会、文水鈲子、五台山佛乐、锣鼓艺术（太原锣鼓、云胜锣鼓、软槌锣鼓）、佛教音乐（楞严寺寺庙音乐）、道教音乐（恒山道乐）
传统舞蹈	秧歌（临县伞头秧歌、原平凤秧歌、汾阳地秧歌）、狮舞（天塔狮舞）、傩舞（寿阳爱社）、高跷（高跷走兽）、翼城花鼓、鼓舞（平定武迓鼓）、鼓舞（万荣花鼓、土沃老花鼓、稷山高台花鼓）、麒麟舞（麒麟采八宝）、左权小花戏、翼城浑身板
传统戏剧	晋剧、蒲州梆子、北路梆子、上党梆子、雁北耍孩儿、灵丘罗罗腔、碗碗腔（孝义碗碗腔、曲沃碗碗腔）、秧歌戏（朔州秧歌戏、繁峙秧歌戏、祁太秧歌、襄武秧歌、壶关秧歌、泽州秧歌、沁源秧歌）、道情戏（晋北道情戏、临县道情戏、洪洞道情、神池道情戏）、二人台、锣鼓杂戏、傩戏（任庄扇鼓傩戏）、皮影戏（孝义皮影戏）、木偶戏（孝义木偶戏）、赛戏、上党落子、上党落子、眉户（运城眉户）、眉户（晋南眉户）、上党二簧、线腔
曲艺	潞安大鼓、襄垣鼓书、三弦书（沁州三弦书）、莲花落

续表

类别	项目
传统体育、游艺与杂技	形意拳、心意拳、挠羊赛、风火流星、通背缠拳
传统美术	剪纸（中阳剪纸）、剪纸（广灵染色剪纸）、剪纸（静乐剪纸）、剪纸（太原剪纸）、砖雕（山西民居砖雕）、面花（阳城焙面面塑）、面花（闻喜花馍）、面花（定襄面塑）、面花（新绛面塑）、面花（岚县面塑）、木雕（永乐桃木雕刻）、木版年画（平阳木版年画）、堆锦（上党堆锦）、民间绣活（高平绣活）、布老虎（黎侯虎）、建筑彩绘（炕围画）、平遥纱阁戏人、清徐彩门楼
传统技艺	阳城生铁冶铸技艺、家具制作技艺（晋作家具制作技艺）、平遥推光漆器髹饰技艺、杏花村汾酒酿制技艺、清徐老陈醋酿制技艺、老陈醋酿制技艺（美和居老陈醋酿制技艺）、酿醋技艺（小米醋酿造技艺）、皮纸制作技艺（平阳麻笺制作技艺）、琉璃烧制技艺、陶器烧制技艺（平定砂器制作技艺）、陶器烧制技艺（平定黑釉刻花陶瓷制作技艺）、蚕丝织造技艺（潞绸织造技艺）、传统棉纺织技艺（惠畅土布制作技艺）、滩羊皮鞣制工艺、金银细工制作技艺、民族乐器制作技艺（长子响铜乐器制作技艺）、漆器髹饰技艺（绛州剔犀技艺）、漆器髹饰技艺（稷山螺钿漆器髹饰技艺）、砚台制作技艺（澄泥砚制作技艺）、蒸馏酒传统酿造技艺（梨花春白酒传统酿造技艺）、晒盐技艺（运城河东制盐技艺）、传统面食制作技艺（龙须拉面和刀削面制作技艺）、传统面食制作技艺（抿尖面和猫耳朵制作技艺）、传统面食制作技艺（稷山传统面点制作技艺）、传统面食制作技艺（太谷饼制作技艺）、月饼传统制作技艺（郭杜林晋式月饼制作技艺）、牛羊肉烹制技艺（冠云平遥牛肉传统加工技艺）、六味斋酱肉传统制作技艺、窑洞营造技艺、银铜器制作及鎏金技艺（朔州传统鎏金技艺）、雁门民居营造技艺、铜器制作技艺（大同铜器制作技艺）、古建筑模型制作技艺、八义窑红绿彩瓷烧制技艺、葫芦制作技艺（文水葫芦制作技艺）
传统医药	中医诊法（道虎壁王氏中医妇科）、中医诊疗法（摸骨正脊术）、中医传统制剂方法（龟龄集传统制作技艺）、中医传统制剂方法（定坤丹制作技艺）、中医传统制剂方法（安宫牛黄丸制作技艺）、中医传统制剂方法（点舌丸制作技艺）、中医正骨疗法（武氏正骨疗法）、中医养生（药膳八珍汤）
民俗	春节（怀仁旺火习俗）、春节（娘子关跑马排春节习俗）、清明节（介休寒食清明习俗）、中秋节（泽州中秋习俗）、重阳节（皇城村重阳习俗）、民间社火、民间社火（南庄无根架火）、元宵节（柳林盘子会）、灯会（河曲河灯会）、庙会（晋祠庙会）、庙会（蒲县朝山会）、民间信俗（关公信俗）、抬阁（芯子、铁枝、飘色）（清徐徐沟背铁棍）、抬阁（芯子、铁枝、飘色）（万荣抬阁）、抬阁（芯子、铁枝、飘色）（峨口挠阁）、祭祖习俗（大槐树祭祖习俗）、祭祖习俗（沁水柳氏清明祭祖）、洪洞走亲习俗、汉族传统婚俗（孝义贾家庄婚俗）、中和节（永济背冰）、中和节（云丘山中和节）、尉村跑鼓车、独辕四景车赛会

八、宁夏回族自治区

宁夏回族自治区是我国最大的回族聚居区，地处黄土高原，历史文化悠久。宁夏地区主要受汉文化和伊斯兰文化的影响，多元不断相互融合、传承、发展。宁夏回族自治区先民在生产生活中对传统文化和传统技艺等进行批判性继承，促进宁夏回族自治区的文化在当代不断传承和创新。多元的文化特征和独特的地域环境，造就了宁夏回族自治区丰富多彩的非物质文化遗产。这些非物质文化遗产是宁夏人民思想和精神的生动载体，是对宁夏人民创造力的生动概括。

从民间文学到传统舞乐、技艺、医药等，宁夏回族自治区非物质文化遗产层出不穷。例如，民间文学有回族民间故事，传统音乐有宁夏回族山花儿、回族民间器乐、北武当庙寺庙音乐，传统舞蹈有黄羊钱鞭、传统曲艺秦腔、宁夏小曲，传统美术有回族剪纸、固原砖雕、杨氏家庭泥塑、宁夏刺绣、中卫建筑彩绘，传统技艺有吴忠老醋酿制技艺、宁夏手工毯织造技艺、贺兰砚制作技艺，传统医药有马氏济慈堂生育药剂制作技艺、张氏回医正骨疗法、回族汤瓶八诊疗法，民俗六盘山区春官送福、回族服饰、回族传统婚俗等。宁夏回族自治区非物质文化遗产具有鲜明的独创性，反映当地独特风俗和行为习惯，在表达情感和精神上具有重要作用（见表 4–8）。

表 4–8　宁夏回族自治区国家级非物质文化遗产代表性项目

类别	项目
民间文学	回族民间故事
传统音乐	花儿（宁夏回族山花儿）、回族民间器乐、佛教音乐（北武当庙寺庙音乐）
传统舞蹈	黄羊钱鞭
传统戏剧	秦腔
曲艺	宁夏小曲

续表

类别	项目
传统美术	剪纸（回族剪纸）、砖雕（固原砖雕）、泥塑（杨氏家庭泥塑）、民间绣活（宁夏刺绣）、建筑彩绘（中卫建筑彩绘）
传统技艺	酿醋技艺（吴忠老醋酿制技艺）、地毯织造技艺（宁夏手工毯织造技艺）、滩羊皮鞣制工艺（二毛皮制作技艺）、砚台制作技艺（贺兰砚制作技艺）、传统面食制作技艺（中宁蒿子面制作技艺）、牛羊肉烹制技艺（宁夏手抓羊肉制作技艺）、固原传统建筑营造技艺
传统医药	中医传统制剂方法（马氏济慈堂生育药剂制作技艺）、回族医药（张氏回医正骨疗法）、回族医药（回族汤瓶八诊疗法）、回族医药（陈氏回族医技十法）
民俗	春节（六盘山区春官送福）、回族服饰、民间信俗（同心莲花山青苗水会）、抬阁（芯子、铁枝、飘色）（隆德县高台）、婚俗（回族传统婚俗）

九、四川省

四川因其物资丰饶，被称为“天府之国”。四川非物质文化遗产的一器一物，一丝一缕都承载着集体记忆，为现代社会的人们提供传统文化滋养。非物质文化遗产是祖先智慧的表征，通过世代传承，祖先的勤劳和智慧已经融入四川儿女的血脉。

四川非物质文化遗产独具特色，源远流长，传承民族集体记忆，促进中华民族的身份认同。从远古时期，大禹治水的传说就在四川大地上广为流传。民间文学《羌戈大战》具有英雄史诗性质，它述说远古时候羌民的祖先从西北迁居岷江上游的艰难历程。羌人与戈基人斗争，天神介入帮助羌人获取胜利，接着羌人获取和平与发展。《羌戈大战》赞颂了古代羌民的勇敢、智慧和英勇，对于促进民族认同具有重要作用。

传统音乐有巴山背二歌、川江号子、川西藏族山歌、洞经音乐、口弦音乐等；传统舞蹈有黄龙溪火龙灯舞、巴塘弦子舞、甘孜锅庄等；传统戏剧有川剧、川北灯戏、德格格萨尔藏戏、四川皮影戏、川北大木偶戏等；传统曲艺有四川扬琴、四川清音、金钱板等；传统体育、游艺与杂技有峨眉武术、青城武术等；传统美术有绵竹木版年画、噶玛嘎孜画派藏族唐卡等；传统技艺包括蜀锦织造技艺、彝族银饰制作技艺等；民俗有彝族火把节、羌族瓦尔俄足节、都江堰放水节等。上述四川省非物质文化遗产异彩纷呈，是四川记忆也是中国记忆的重要组成部分。相对于物质文化遗产，四川省非物质文化遗产更能展现四川人精神特质和内心活动（见表 4–9）。

表 4–9　四川省国家级非物质文化遗产代表性项目

类别	项目
民间文学	格萨斯尔、彝族克智、禹的传说、羌戈大战、毕阿史拉则传说、玛牧
传统音乐	巴山背二歌、川江号子、川北薅草锣鼓、薅草锣鼓（川东土家族薅草锣鼓）、多声部民歌（羌族多声部民歌）、多声部民歌（硗碛多声部民歌）、多声部民歌（阿尔麦多声部民歌）、羌笛演奏及制作技艺、南坪曲子、制作号子（竹麻号子）、藏族民歌（川西藏族山歌、玛达咪山歌、藏族赶马调）、洞经音乐（文昌洞经古乐）、邛都洞经音乐、口弦音乐、佛教音乐（觉囊梵音）、道教音乐（成都道教音乐）、西岭山歌、毕摩音乐、龙舞（泸州雨坛彩龙）
传统舞蹈	龙舞（黄龙溪火龙灯舞）、龙舞（安仁板凳龙）、弦子舞（巴塘弦子舞）、锅庄舞（甘孜锅庄）、锅庄舞（马奈锅庄）、卡斯达温舞、㑇舞、翻山铰子、羌族羊皮鼓舞、得荣学羌、甲搓、博巴森根、堆谐（甘孜踢踏）、跳曹盖、古蔺花灯、登嘎甘㑇（熊猫舞）
传统戏剧	川剧、灯戏（川北灯戏）、藏戏（德格格萨尔藏戏、巴塘藏戏、色达藏戏）、皮影戏（四川皮影戏）、木偶戏（川北大木偶戏、中型杖头木偶戏）、阳戏（射箭提阳戏）、端公戏（旺苍端公戏）
曲艺	四川扬琴、四川竹琴、四川清音、金钱板 传统体育、游艺与杂技：峨眉武术、藏棋、青城武术、滑竿（华蓥山滑竿抬幺妹）
传统美术	绵竹木版年画、藏族唐卡（噶玛嘎孜画派、郎卡杰唐卡）、蜀绣、藏族格萨尔彩绘石刻、竹刻（江安竹簧）、泥塑（徐氏泥彩塑）、竹编（渠县刘氏竹编、青神竹编、瓷胎竹编、道明竹编）、草编（沐川草龙）、石雕（白花石刻、安岳石刻）、藏文书法（德格藏文书法）、木版年画（夹江年画）、羌族刺绣、民间绣活（麻柳刺绣）、糖塑（成都糖画）、盆景技艺（川派盆景技艺）、棕编（新繁棕编）、藏族编织、挑花刺绣工艺、毕摩绘画、藤编（怀远藤编）、彝族刺绣（凉山彝族刺绣）

续表

类别	项目
传统技艺	蜀锦织造技艺、蜡染技艺（苗族蜡染技艺）、扎染技艺（自贡扎染技艺）、银饰制作技艺（彝族银饰制作技艺）、成都漆艺、泸州老窖酒酿制技艺、酿醋技艺（保宁醋传统酿造工艺）、自贡井盐深钻汲制技艺、竹纸制作技艺、德格印经院藏族雕版印刷技艺、制扇技艺（龚扇）、陶器烧制技艺（藏族黑陶烧制技艺、荥经砂器烧制技艺）、传统棉纺织技艺（傈僳族火草织布技艺）、毛纺织及擀制技艺（彝族毛纺织及擀制技艺）、毛纺织及擀制技艺（藏族牛羊毛编织技艺）、地毯织造技艺（阆中丝毯织造技艺）、手工制鞋技艺（唐昌布鞋制作技艺）、藏族金属锻造技艺（藏族锻铜技艺）、成都银花丝制作技艺、彝族漆器髹饰技艺、伞制作技艺（油纸伞制作技艺）、蒸馏酒传统酿造技艺（五粮液酒传统酿造技艺）、蒸馏酒传统酿造技艺（水井坊酒传统酿造技艺）、蒸馏酒传统酿造技艺（剑南春酒传统酿造技艺）、蒸馏酒传统酿造技艺（古蔺郎酒传统酿造技艺）、蒸馏酒传统酿造技艺（沱牌曲酒传统酿造技艺）、绿茶制作技艺（蒙山茶传统制作技艺）、黑茶制作技艺（南路边茶制作技艺）、酱油酿造技艺（先市酱油酿造技艺）、豆瓣传统制作技艺（郫县豆瓣传统制作技艺）、豆豉酿制技艺（潼川豆豉酿制技艺）、藏族碉楼营造技艺、碉楼营造技艺（羌族碉楼营造技艺）、川菜烹饪技艺、彝族传统建筑营造技艺（凉山彝族传统民居营造技艺）
传统医药	中医诊疗法（李仲愚杵针疗法）、中药炮制技术（中药炮制技艺）、藏医药（甘孜州南派藏医药）
民俗	火把节（彝族火把节）、羌族瓦尔俄足节、都江堰放水节、灯会（自贡灯会）、羌年、民间信俗（康定转山会）、抬阁（芯子、铁枝、飘色）（大坝高装）、抬阁（芯子、铁枝、飘色）（青林口高抬戏）、祭祖习俗（凉山彝族尼木措毕祭祀）、三汇彩亭会、彝族年、婚俗（彝族传统婚俗）、彝族服饰

第三节　非遗保护和管理现状

黄河文化遗产资源丰富，但并没有得到相应的重视，时代发展、社会进步、生态环境破坏导致文化遗产原生土壤遭到破坏，保护和传承受到严峻挑战。2021 年颁发的《文化保护传承利用工程实施方案》以文化遗产有效地保护与利用为前提，计划 2025 年建成大运河、长城、长征、黄河等国家文化公园，形成一批中华文化的重要标志。目前，黄河流域各省正在积极编制保护黄河文化规划，积极响应国家号召。各省展开实地调研，对黄河流域物质文化遗产和非物质文化遗产展开分类和评估，建立黄河国家文化公园数据库注重生态资源保护，推进重要文化遗产申遗工作。注重建设线性大遗址文化公园、文化遗迹展示馆、非物质文化遗产数据库，打造黄河文化旅游目的地，促进文旅融合。传承黄河精神，挖掘黄河精神的时代价值。各省开展寻根活动遗迹研学旅游，增加公共参与度，讲好“黄河故事”。转变发展思路，文旅融合，积极发展文化产业，打造文旅演义精品工程。

各个省份进展程度并不相同，走在前列的是河南省，河南省计划开展众多项目，已经被纳入《黄河文化保护传承弘扬规划》，例如，二里头遗址申遗，仰韶文化、安阳殷墟、隋唐洛阳城、北宋东京城大遗址公园走廊等。2021 年 10 月 1 日，河南省黄河非遗国际创意周开幕，旨在用生活唤醒非遗，用非遗点亮生活。

参考文献

[1] 种海峰 . 陕西非物质文化遗产保护的现状、问题及其对策 [J]. 辽宁行政学院学报，2013，15（1）：164–166.

[2] 王鹏鸣 . 甘肃地域性非物质文化遗产现状与开发研究——以甘肃著名非物质文化遗产为例 [J]. 开发研究，2011（3）：68–69.

[3] 李国精，王公为 . 内蒙古非物质文化遗产的分布特征及影响因素研究 [J]. 阴山学刊，2021，34（5）：94–100.

[4] 谢钰姣 . 宁夏非物质文化遗产保护与传承研究 [D]. 宁夏大学，2019.

[5] 周芹 . 体验经济视角下四川非物质文化遗产的跨文化传播策略研究 [J]. 四川戏剧，2019（5）：136–138.

第五章　黄河国家文化公园建设的重点难点

黄河文化是中华文明的根源，正确把握黄河文化与中华文明的关系和黄河文化的时代价值，理论联系实际，在建设黄河国家文化公园时考虑其地理特殊性，将黄河故道纳入建设中。对黄河文化内涵、价值和特征进行梳理，使黄河文化核心价值体系得以建立，同时推动黄河文化传承事业的发展。

第一节　黄河文化的特殊性

黄河国家文化公园由国家倡导、以公园作为主要呈现形式营造黄河文化空间，其中之一的建设重点在于深度挖掘黄河文化内涵。建设黄河国家文化公园应因地制宜，从黄河文化特殊性着手，建立适合黄河文化展示和传承的建设体系。

一、黄河文化与中华民族关系

黄河文化是中华文明的主体文化，是中华民族文化的根源。建设黄河国家文化公园的核心在于挖掘黄河文化内涵，展现其时代价值，以此来传承中华民族历史文脉和文化基因，凝聚中国精神，坚定文化自信。黄河文化既是中华文明的源头，也塑造了同根同源的民族心理。

（一）黄河文化是中华文明的源头

黄河流域文化是中华文明的根源，对中华文化产生最直接的影响。中华民族先民早期在黄河流域广泛活动，形成了早期文明形态，散落在黄河流域的各种地域文化是中华文明的起点。旧石器时代产生大荔人文化、丁村文化、许家窑文化，新时期时代有北辛文化、老官台文化、仰韶文化、龙山文化等。在文明时代后，夏商周文化在黄河流域得以孕育，多种文化在春秋战国时期百家争鸣到秦王朝大一统的过程中融合发展。随后经过千年的封建王朝的统治，在吸收、融合其他文化的过程中取得进一步发展，最终形成兼收并蓄、文化多元的中华文明。

（二）黄河文化塑造同根同源民族心理

黄河流域农业经济发达，直到宋朝一直是中华民族的政治、经济、文化中心，长久以来形成形式上大一统、内涵上多元化的文化价值体系。在共同文化价值和传统习俗影响下，黄河文化对于中华民族具有强大的感召力。宋朝以后，经济重心南移，北方游牧民族崛起。在南方长江流域文化和北方草原游牧文化输出影响下，黄河文化兼收并蓄，融合多元文化，沉淀下中华民族的集体记忆。农业生产技术、灌溉工程、天文历法、传统医药、百家思想、文学著作、宗教思想、伦理观念等深刻影响着中华民族的性格。

二、黄河文化内涵、价值、特征

（一）黄河文化蕴含大一统思想

黄河流域滋养农耕文明，追求稳定统一，促进中华民族大一统。黄河流域广为流传的华夏始祖的传说成为炎黄子孙根亲观念的源头。大一统意识从治理黄河水灾中萌发。大禹时期形成部落联盟、推选优秀领袖共同治水，奠定了夏王朝建立的基础。秦始皇平定六国，定都咸阳，“书同文，车同轨”，建立我国历史上第一个封建大一统多民族王朝。随后出现分裂状况后都会逐渐走向统一，王朝版图向周边拓展，中华多民族不断交流融合，大一统观念渗透到政治、文化等多种领域。这种大一统的观念为实现国家统一和中华民族伟大复兴贡献了精神力量。

（二）黄河文化蕴含优秀的民族精神

1. 自强不息

古老的黄河文化孕育了华夏文明，将自强不息、敢于拼搏、勤劳务实、开拓进取、团结一致、无私奉献的优秀精神品质，注入中华儿女的血脉中，如黄河水奔腾不止、生生不息一般，黄河文明在中国历史的各个时期都焕发出蓬勃生机，展现出耀眼的光芒。

2. 勤劳进取

一分耕耘一分收获，中华儿女在长期的农耕中形成了勤劳的民族精神。黄河在漫长的历史进程中善徙善决，黄河沿岸人民在治理黄河中养成了开拓进取的民族精神。三过家门而不入的大禹成为中华民族勤劳勇敢、开拓进取的象征。在现代，焦裕禄在河南省兰考县带领群众防风治沙，发扬不畏艰难险阻、勇于开拓创新的精神，成为彰显中华民族精神的时代楷模。

3. 团结奉献

1958 年，三门峡到花园口黄河干支流区间发生特大洪水，抗洪期间，黄河沿岸居民获得全国各地的物资支持；石光银和当地群众一起，在毛乌素沙漠南缘荒沙、碱滩上筑起的“绿色长城”，彻底改变了“沙进人退”的恶劣环境；南水北调工程攻坚克难，历经岁月五十载，清水永续润北方。以上种种无不彰显出中华民族在危急时刻强大的感召力和凝聚力。中华儿女上下一心，协同调度展现出无畏的勇气和决心。

（三）蕴含新时期构建人类命运共同体历史借鉴

黄河文化包容开放，在与周围少数民族和亚欧非国家文化碰撞、融合中逐渐形成，为新时代构建人类命运共同体提供历史基础。汉代张骞出使西域，开辟陆上丝绸之路。各国贸易得益于隋唐时期繁荣发展的丝绸之路，往来甚是频繁，同时多个国家派遣大量使节、留学生等来华开展政治文化交流活动，如日本、天竺等。郑和下西洋，为海上丝绸之路奠基。宋朝式微，北方游牧民族崛起，部分路上丝绸之路受阻。但是宋政权仍然大力发展对外贸易，将陆上丝绸之路的起点延伸到汴京。同时宋朝大力发展海上贸易，欢迎远人来华定居。黄河文化与各国家、民族文化交流、融合和发展，兼容并蓄，共同进步，是构建人类命运共同体的历史典范。

黄河文化蕴含的“同根同源”的民族心理和“大一统”的主流思想，蕴含自强不息、勤劳进取、团结奉献的民族精神。黄河国家文化公园建设过程中应重点挖掘文化资源，重点展现民族多元融合、兼容并包的文化气度；以黄河文化遗产为载体，弘扬民族精神，树立文化自信。充分发挥黄河文化增强民族认同感、维系我国国家统一和民族团结的精神文化支柱作用。

三、地理特殊性、黄河古道

黄河以易变、易决著名，在历史上曾经发生过六次重大改道，甚至夺淮入海。淮河流域以北、河南兰考到古黄河入海口的黄河河道被称为黄河故道，又被称为废黄河、淤黄河、故黄河。该段河道经过兰考—民权县—商丘市北—安徽砀山县—江苏省徐州市北—宿迁市南—淮安市北—涟水县南—滨海县北—大淤尖村入黄海。黄河故道随着黄河改道失去实用价值，但遗存大量文化遗产，如河湖闸坝、治黄官署、庙宇遗址、纪念性碑刻、古运河。还遗存大量民间故事、神话传说、传统技艺、传统风俗、传统艺术等非物质文化遗产。黄河易道，对黄河地理范围的界定不仅仅要考虑现有黄河，还要兼顾古黄河。现有黄河和黄河故道如何纳入黄河国家文化公园建设体系，保护黄河故道文化遗产是值得思考的问题。

第二节　黄河生态的脆弱性

黄河流域存在湿地草场退化、土地盐碱化、水土流失、水污染、泥沙淤积、海水倒灌等生态问题，进行黄河国家文化公园建设过程中应该充分认识黄河流域生态环境脆弱，水土流失、水资源短缺的严峻形势，重点关注生态保护和可持续性发展。汲取国际国家公园建设经验，结合新时期生态文明思想，在建设黄河国家文化公园过程中注重治理和改善生态环境，保护物种多样性，增加绿地面积，为大众提供更宜人的休憩环境、发挥教育功能和价值。

一、黄河生态环境

黄河流域面积广大，地跨东西九省（自治区）。流域内东西方向生态环境和自然气候条件各不相同，面临的生态问题也不尽相同。黄河源区主要问题是湿地与草原退化，黄河上游主要问题是土地盐碱化，黄河中游以水土流失和环境污染为主，黄河下游以泥沙淤积为主。黄河入海口处的自然生态和居民生产生活面临海水倒灌的严峻挑战。

（一）黄河源区——湿地与草原退化

黄河源区是黄河流域的重要水源和涵养区，通常是指唐乃亥水文站以上的黄河流域。黄河源区湿地 70% 以上是以高寒沼泽湿地为主，湖泊湿地面积超过 10%，其余为河流湿地。20 世纪 90 年代以来，青藏高原温度上升，引发蒸发量增大、冻土消融，径流量减少，源区湿地面积萎缩退化。冰川冻土退化、水源涵养能力逐渐下降。黄河源区气候逐渐干旱，植被减少，湖泊草甸逐渐裸露，逐渐向高寒草原演进，植被对于水源的涵养能力下降。

（二）上游——土地盐碱化

青海唐乃亥到内蒙古托克托县的河口镇属于黄河上游，黄河改道摆动频繁形成众多滩地和沼泽湿地，主要分布在内蒙古河套平原和宁夏平原。黄河上游的平原地区是我国主要粮食产区之一，由于灌溉方式不当，水漫灌使水中的盐分进入土壤，灌溉面积的增加导致土地盐碱化程度不断增加，且随着水分增发，盐分还留在土壤中，导致土壤盐碱化。另外，农业生产产生的污水和化肥农业残留、重金属等排入田地，不断积累和沉淀，对黄河流域生态环境造成重大威胁。

（三）中游——水土流失和环境污染

黄河中游主要是黄土高原分布区。黄土土质疏松，容易受到侵蚀，每年

7—9 月份降水集中，导致黄土高原黄土流失严重。黄土高原北部和西部人类活动频繁，原有植被遭到破坏，植被保持水土的作用不断减弱，水土流失加剧。黄河干支流经济活动不断发展，工业排入污水重金属元素超标。生活垃圾等固体污染物超标排入河流，含氮量、有机污染物、大肠杆菌也均超标，黄河中游水污染严重。

（四）下游——泥沙淤积

郑州花园口至东营入海口为黄河下游，穿过华北平原。黄土高原水土流失严重，挟裹泥沙至黄河下游，黄河下游河道宽阔平坦，水流速度减慢，泥沙在下游河道不断堆积。经年累月堆积的泥沙，将河道抬高形成地上悬河。被抬高的下游河床高出地面 4~6 米，地上河河水下落存在势能差。一旦黄河河水泛滥决堤，将会对沿岸人民的生命财产造成严重威胁。

（五）黄河三角洲——海水倒灌

黄河携带大量泥沙在入海口沉积造陆，形成众多海岸湿地。黄河三角洲独特的地理位置，适合发展海水养殖业，经济迅速发展，城镇化进程加快。发展海水养殖过程中，大量滩涂被改建成鱼塘虾池。人类活动对海岸湿地的占用导致海岸湿地面积迅速减小，污染加剧。另外黄河水位低于海水水位时，海水倒灌也导致湿地萎缩，加剧盐碱化。

二、水资源短缺

2020 年 12 月 17 日，水利部《关于黄河流域水资源超载地区暂停新增取水许可的通知》明确，黄河流域水资源超载地区包括干支流地表水超载 6 省区的 13 个地级市、地下水超载的涉及 4 个省区 17 个地级市，详情见表 5–1 和表 5–2。

表 5–1　地表水超载地区

省（自治区）	市
甘肃省	白银市
宁夏回族自治区	中卫市

续表

省（自治区）	市
内蒙古自治区	包头市、乌海市、阿拉善盟、巴彦淖尔市
山西省	临汾市（汾河超载）
河南省	焦作市、济源市（沁河超载）
山东省	东营市、德州市、滨州市、泰安市（大汶河超载）

表 5–2　地表水超载地区

省（自治区）	地级市	地下水超载类型
内蒙古自治区	呼和浩特市、包头市、巴彦淖尔市	浅层地下水超采
陕西省	西安市、咸阳市、渭南市	浅层地下水超采
山西省	太原市、晋中市、运城市、临汾市、吕梁市、长治市、晋城市	浅层地下水超采、山丘区地下水过度开采
河南省	开封市、新乡市、焦作市、濮阳市	浅层地下水超采、深层承压水超采

三、水土流失问题

《中国水利百科全书》中定义水土流失为在水力、重力、风力等外营力作用下，水土资源和土地生产力的破坏和损失，包括土地表层侵蚀及水的损失[1]。《中国百科大辞典》指出水土流失是由水、重力和风等外界力引起的水土资源破坏和损失[2]。水利部 2020 年度全国水土流失动态监测基于 2020 年 2 米或优于 2 米分辨率卫星遥感影像指出，黄河流域 2020 年度水土流失面积为 45.33 万平方公里，占其流域面积的 33.97%，占全国水土流失总面积的 16.83%。我国最为严重的水土流失情况和最为脆弱生态环境的地区之一是位于西北的黄土高原。黄河流域水土流失主要分布在甘肃庆阳西北部、平凉中部和定西、临夏局部，宁夏固原局部，内蒙古鄂尔多斯东部、呼和浩特南部，陕西榆林大部、延安北部，山西忻州西部和吕梁大部[3]。

建设黄河国家文化公园应坚持生态优先，绿色发展，坚持山水林田湖草综合治理。要充分考虑黄河上中下游生态评估中资源的差异情况，协同相关部门分区、分类型进行综合治理、生态修复。持续推进污染治理，排查河流排污口，防治大气污染，监控土壤风险。实现生态环境分区管控、监管和协调，完善全流域生态保护统一规划管理机制，加强对于黄河流域生态状况的监管。企业严格守住生态保护红线，优化调整黄河流域产业结构，以可持续发展为目标，向高质量发展转型。政府大力支持黄河流域治理工作推进，提升环境治理能力，实现黄河流域可持续性发展（见图 5-1）。

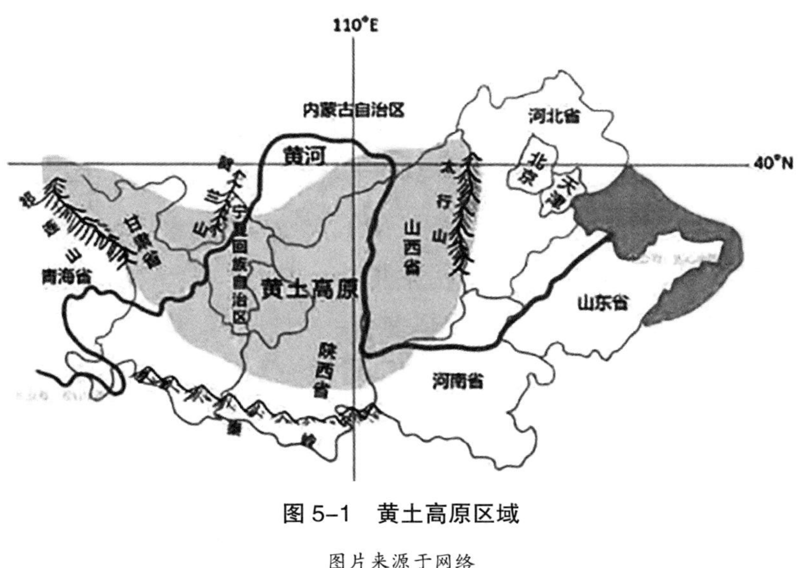

图 5-1　黄土高原区域

图片来源于网络

第三节　区域经济发展条件

黄河流域地跨九省（自治区），不同省份具有不同的产业基础、交通条件、旅游资源和旅游业发展状况，这就决定在进行黄河国家文化公园建设过程中协调九省（自治区），统一调度是难点问题。

一、产业基础

黄河流域是我国的主要农业区，保障粮食和畜牧产品供应，黄河沿线省份产业产值详情如表 5–3 所示。沿黄九省煤炭、石油、天然气储量丰富，煤炭开采、石油和天然气开采、有色金属冶炼等资源能源产业发达。聚集能源、化工、工业基地，重工业发达，在工业设备制造、电器工程设备制造方面具有突出优势。山东省经济体量大，经济结构以工业为主，企业创新活力不足。河南省经济较快增长，但高新技术产业规模较小，经济发展粗放。山西省和内蒙古自治区主要依靠资源，经济下行。西部青海省、宁夏回族自治区、甘肃省环境承载力局限经济发展，经济结构单一。由于流域内主要偏重化工产业，经济结构不合理，沿黄九省总体经济增长放缓。其内部也发展不平衡，山东省、河南省等东部省份地区生产总值以绝对优势压倒西部各省份。黄河流域工业企业用于研发和创新的经费较少，创新水平较低。省会城市的辐射带动能力较弱，流域内经济协作有待加强，市场投资环境亟待优化。

建设黄河国家文化公园需面对沿黄九省（自治区）产业结构和经济发展水平差异较大的现状。在各省份发展程度不一的情况下，如何协调各省统筹发展，加强沟通合作，转变经济发展方式，形成沿黄新经济带是需要着重考虑的重点问题。建设国家文化公园需关注发展文化产业和旅游业优化产业结构，提供创新动能，改变部分省份资源依赖的粗放发展模式，形成新的经济增长极。

表 5–3　2020 年黄河沿线产业概览

产业产值	青海省	四川省	甘肃省	宁夏回族自治区	内蒙古自治区	陕西省	山西省	河南省	山东省
地区生产总值（亿元）	3005.9	48598.8	9016.7	3920.5	17359.8	26181.9	17651.9	54997.1	73129
第一产业增加值（亿元）	334.3	5556.6	1198.1	338	2025.1	2267.5	946.7	5353.7	5363.8

续表

产业产值	青海省	四川省	甘肃省	宁夏回族自治区	内蒙古自治区	陕西省	山西省	河南省	山东省
第二产业增加值（亿元）	1143.5	17571.1	2852	1609	6868	11362.6	7675.4	22875.3	28612.2
第三产业增加值（亿元）	1528.1	25471.1	4966.5	1973.6	8466.7	12551.7	9029.8	26768	39153
人均地区生产总值（元/人）	50819	58126	35995	54528	72062	66292	50528	55435	72151
农林牧副渔生产总值	507.1	9216.4	2103.61	703.07	3472.36	4056.61	1935.84	9956.35	10190.58
规模以上工业企业利润总额（亿元）	93.1	3197.7	284.3	203.9	1315.1	1942.3	963.8	2544.7	4282.9
建筑业总产值（亿元）	512.24	15612.7	2049.28	641.81	1134.44	8501.13	5113.64	13122.55	14947.3

二、交通条件

沿黄河九省（自治区）通航里程较短，内河航运不发达。铁路交通中，青海省、宁夏回族自治区受复杂地形条件影响，铁路运营里程、公路里程相对于其他各省较小。邮政业务从东至西形成三个梯度，东部以河南省、山东省发达，其次是山西省和陕西省，其余西部各省欠发达，其中以甘肃省邮路总长度最长但总业务量并不突出。具体数据详见表 5-4。黄河九省（自治区）交通条件总体上呈现东西部差异，东部具有交通优势。各省内部以省会城市为中心形成向外辐射。山东半岛以青岛和济南为中心，中原地区以郑州为中心，关中地区以西安为中心，青甘大环线以西宁、兰州为中心，此外还有银川、呼和浩特、太原等交通集散中心。

发展任何产业的前提是便利的交通条件。黄河沿线交通条件东西差异显著，主要以省会城市为中心进行向外辐射，沿黄河交通线待完善，建设黄河国家文化公园的难点在于发挥黄河的纽带作用。黄河不仅仅是中华民族的精神纽带，同时也是地区发展的经济纽带。发挥黄河现有的内河航运功能，展现黄河生活风貌，同时围绕黄河完善铁路公路网，进行突出黄河核心地位的现代路网规划，串联沿线九省，密切沿线九省的沟通交流，促进共建共享。

表 5-4　2019 年黄河沿线交通邮政发展状况概览

类型	指标	青海省	四川省	甘肃省	宁夏回族自治区	内蒙古自治区	陕西省	山西省	河南省	山东省
铁路	运输业就业人数（人）	23341	70829	64837	19741	108116	97418	102588	110841	88039
	客运量（万人）	1148	11296	4153	558	3298	7044	4890	11415	17325
	运输路线长度（公里）	2400	5200	4800	1600	13000	5400	5900	6500	6600
公路	运输业就业人数（人）	19558	166837	44324	11089	57632	111013	75783	229495	203676
	客运量（万人）	5071	45258	22478	2903	3224	29581	7459	46322	49581
	运输路线长度（公里）	83800	33710	151400	36600	206100	180100	144300	269800	280300

续表

类型	指标	青海省	四川省	甘肃省	宁夏回族自治区	内蒙古自治区	陕西省	山西省	河南省	山东省
水运	运输业就业人数（人）	9	716	183	186	2	21	30	2097	38377
	客运量（万人）	94	954	55	99	—	173	108	172	2014
	运输路线长度（公里）	7000	10800	900	100	2400	1100	500	1400	1100
航空	运输业就业人数（人）	2473	35845	3826	2800	7407	12497	5051	9368	19734
邮政	从业人数（人）	5243	29021	13729	3323	16459	32523	15977	28978	42768
	邮政业务总量（亿元）	8.1	447.76	38.63	19.98	50.37	193.12	116.35	590.45	717.99
	邮政营业网点（处）	1191	24583	5170	1558	5880	10109	7269	16627	19038
	邮路总长度（公里）	92978	385936	205463	63810	150098	165021	115074	591371	442719

三、资源与旅游业

根据中国统计年鉴最新数据，黄河沿线资源状况汇总如表 5-5 所示。甘肃省、陕西省、山东省石油储量最为丰富，天然气储量以四川省和内蒙古自治区最为丰富，煤炭储量以内蒙古自治区和山西省最为丰富，但近年来由于过度开采山西省煤炭资源，储量下降。铁矿资源以四川省、内蒙古自治区、山西省最为丰富。青海省、四川省、甘肃省、内蒙古自治区草原面积广阔。宁夏回族自治区、山西省水资源总量不足，宁夏回族自治区水资源最为匮乏。四川省、内蒙古自治区森林面积广阔，陕西省森林覆盖率最高。建设黄河国家文化公园部分路线面临水资源不足的问题，水资源不足影响工程建设。开采矿藏，地下中空，避免施工建设引起局部地面塌陷问题。需要重点关注黄河国家文化公园如何结合现有森林、绿地创建生态景观，为游客提供更好的休憩环境。

表 5–5　黄河沿线资源状况概览

分类	青海省	四川省	甘肃省	宁夏回族自治区	内蒙古自治区	陕西省	山西省	河南省	山东省
石油储量（万吨）	8252.3	623.4	28261.7	2432.4	8381.3	38375.6	—	4427	29412.2
天然气储量（亿立方米）	1354.44	13191.61	318.03	274.44	9630.49	7802.5	413.75	74.77	334.93
煤炭储量（亿吨）	12.39	53.21	27.32	37.45	510.27	162.93	916.19	85.58	75.67
铁矿储量（亿吨）	0.03	27.02	3.24	—	18.17	3.97	16.47	1.69	9.6
草原总面积（万公顷）	36.37	20.38	17.90	3.01	78.80	5.21	4.55	4.43	1.64
水资源总量（亿立方米）	919.3	2748.9	325.9	12.6	447.9	495.3	97.3	168.6	195.2
地表水资源量（亿立方米）	898.2	2747.7	312.2	10.3	305.8	469.7	58.5	105.8	119.7
地下水资源量（亿立方米）	412.7	616.2	148.7	18.4	233.8	139.4	82.5	119.1	128.4
森林面积（万公顷）	419.75	1839.77	509.73	65.6	2614.85	886.84	321.09	403.18	266.51
森林覆盖率（%）	5.8	38	11.3	12.6	22.1	43.1	20.5	24.1	17.5

黄河沿线九省（自治区）旅游业发展程度不尽相同，如表 5–6 所示，以河南省、山东省、四川省旅游人数较多，其次是陕西省、山西省、青海省。山东省 A 级景区最多，河南省、陕西省次之，旅游资源丰富。促进黄河九省（自治区）文旅融合，打造绿色生态带、根魂文化带、黄金旅游带，以弘扬黄河文化为主旋律，构建黄河旅游发展新格局。沿黄九省（自治区）应利用现有旅游业基础，加强沟通合作，讲好新时代黄河故事，合理规划旅游线路，共同开拓文化旅游新蓝海。

表 5–6　2020 年黄河沿线旅游业发展状况概览

指标	青海省	四川省	甘肃省	宁夏回族自治区	内蒙古自治区	陕西省	山西省	河南省	山东省
旅游人数（万人次）	3311.82	45000	21300	4005	12500	35700	33000	55064.37	57700
旅游收入（亿元）	289.92	7173.3	1455	341	2406.4	2765.55	2920.1	4812.85	6019.7
旅行社数量（家）	521	1348	784	172	1144	870	927	1163	2632
A 级景区总量（家）	134	769	358	107	400	510	237	580	1229
5A 级	4	15	6	4	6	11	9	15	12
4A 级	29	303	107	27	133	131	108	190	224
3A 级	83	344	172	46	115	318	99	271	637
2A 级	18	104	72	28	146	41	19	103	352
1A 级	0	3	1	2	0	1	2	1	4
星级饭店数量（家）	344	358	390	82	262	325	179	390	454
五星	2	34	2	0	10	16	12	21	34
四星	49	115	94	31	39	52	50	86	137
三星	176	137	222	40	143	210	90	234	253
二星	114	72	70	9	70	47	27	49	30
一星	3	0	2	2	0	0	0	0	0

第四节 黄河管理单位的多重性

黄河管理需要对黄河流域进行综合性管理，涉及防洪、防凌、灌溉、供水、发电、航运、水资源调度和保护等多领域、全方位的管理。对黄河的管理机构包含水利部黄河水利委员会，主要行使行政主管职责。

国家公园管理单位机构是国家公园事权履行的基层执行机构[4]，为了加强黄河流域文化传承和综合治理，沿岸各省新建或者重组管理单位，引领黄河国家文化公园规划建设。沿黄九省均成立黄河国家文化公园建设领导小组，各省领导小组以及办公室的设置形式不一。山西省以副省长任组长；青海省、四川省采用双组长制，副省长和宣传部部长共同担任领导小组组长；其他省区以宣传部部长任领导小组组长。青海省、内蒙古自治区、山东省、陕西省办公室所在单位和主任所在单位均设置在文旅厅，甘肃省均设置在宣传部，宁夏回族自治区、河南省、山西省、四川省办公室和主任所在单位不在同一处。详见表5-7。

表 5-7 黄河国家文化公园领导小组及办公室设置

省（自治区）	组长	办公室	主任所在单位	专门机构
青海省	双组长（副省长和宣传部部长）	文旅厅	文旅厅	黄河专班设在文旅厅规划处
四川省	双组长（副省长和宣传部部长）	文物局文保处	省委宣传部	无
甘肃省	宣传部部长	宣传部	宣传部	黄河专项组设在发改委
宁夏回族自治区	宣传部部长	文旅厅	宣传部	无
内蒙古自治区	宣传部部长	文旅厅	文旅厅	专班
陕西省	宣传部部长	文旅厅	文旅厅宣教处	成立专家咨询委员会

续表

省（自治区）	组长	办公室	主任所在单位	专门机构
山西省	副省长	发改委	省文旅厅	无（有专家委员会）
河南省	宣传部部长	文旅厅	宣传部	专班
山东省	宣传部部长	文旅厅	文旅厅	无

沿黄九省（自治区）在产业基础、交通条件、资源环境、旅游业发展状况等方面存在差异性，发展基础不在同一起跑线上，管理单位重叠也会影响黄河国家文化公园建设规划进度。综合种种因素，黄河国家文化公园建设进度不一。

一、青海省

根据《三江源国家公园体制试点方案》精神，黄河源区玛多县政府组建黄河源区管理委员会，下设规划财务部、生态环境和自然资源管理局、综合部。黄河源区管理委员会受青海省三江源国家管理局和果洛州政府领导，负责园区内外自然资源管理、生态保护、宣传推介。生态环境和自然资源管理局作为其下设部门，既是管委会内设机构又是玛多县政府工作部门，在受管委会和玛多县政府双重领导的同时以管委会管理为主。

二、四川省

文化和旅游厅将联动省发展改革委，加强黄河国家文化公园建设工作指导，充分听取沿黄州县意见建议，深入挖掘黄河文化，建设和完善相关机制体制，提供相关保障措施。黄河国家文化公园（四川段）建设保护规划调研组一行深入松潘开展调研，四川省发改委编制《黄河国家文化公园（四川段）建设保护规划》征求社会意见。

三、甘肃省

甘肃省宣传部牵头，成立省国家文化公园领导小组，常委、宣传部部长任组长，领导小组下设办公室设在宣传部，黄河专项组设在发改委。吸纳社会力量，省委宣传部与兰州大学部校共建的黄河国家文化公园研究院为黄河国家文化公园建设提供智库支持。

四、陕西省

根据《黄河国家文化公园（陕西段）建设保护规划》，陕西省各个政府部门加强协调，形成工作领导小组。定期召开会议，研究重大事项，协调跨区域事项，督查相关事项。工作领导小组由省委常委、省委宣传部部长任组长，发展改革、文化旅游、文物、财政等部门主要负责人任副组长，16 个部门相关负责人为成员。设立专家咨询委员会，为政府决策献计献策。明确职责分工如表 5–8 所示。

表 5–8　陕西省黄河国家文化公园建设各部门主要职责

部门	主要职责
省委宣传部	黄河国家文化公园建设保护的整体统筹领导工作，建立宣传体系
省发展改革委会	建设保护规划和重大项目库，下达中央专项资金计划
省文物局	做好国家文化公园管控保护区的管理工作，配合主题展示区范围划定，推进和监管相关重大文物保护项目实施
省文化和旅游厅	负责文旅融合区和传统利用区范围划定，推进和监管相关重大文旅项目实施
省财政厅	负责统筹省级财政资金，建立陕西省黄河国家文化公园专项建设资金，支持黄河国家文化公园建设保护

资料来源：黄河国家文化公园（陕西段）建设保护规划。

五、河南省

河南省文化和旅游厅先后在开封和洛阳召开黄河文化保护传承会议，郑州黄河文化公园管理委员会是由郑州市黄河生态旅游风景区管理委员会更名而来，将在划定黄河流域范围、黄河国家文化公园规划建设、挖掘黄河文化，提升城市品质等方面发挥建设性作用。目前，河南省已经编制《黄河文化遗产保护利用专项规划纲要》《河南省黄河文化保护传承弘扬规划》《河南省黄河流域国土空间规划》《河南省黄河国家文化公园建设保护规划》等相关建设规划。

六、山东省

济南市文化和旅游局推动省属优质公共文化设施向起步区布局，提升起步区城市品质和文化品位。此后印发实施了《济南市黄河文化保护传承弘扬规划》，指明黄河文化发展的地标核心区、黄河文化价值形象的核心展示区将由起步区打造，建设黄河国家文化公园起步区示范段，打造展现黄河文化的核心展示区。

七、山西省

山西成立了黄河国家文化公园领导小组，由副省长任组长。黄河领导小组办公室设置于发改委。山西省五台山、偏关县、河曲县开始进行黄河国家文化公园的文化遗产保护传承项目建设。

八、宁夏回族自治区

为了推进黄河国家文化公园建设，宁夏回族自治区成立了黄河国家文化公园领导小组，由宣传部负责人任组长，办公室设置在文旅厅，办公室主任由宣传部部长担任。

九、内蒙古自治区

内蒙古自治区设立黄河国家文化公园领导小组，由宣传部部长任组长，领导小组办公室设置在文旅厅，办公室主任由文旅厅领导担任，并成立专班，以推动黄河国家文化公园的建设。此外发布《内蒙古自治区黄河文化保护传承弘扬规划》，积极推进黄河国家文化公园建设。

参考文献

［1］惠梦蛟．论黄河文化的历史文化底蕴及时代价值——评《黄河文化概说》［J］．人民黄河，2021，43（12）：166.

［2］李敬．黄河文化的三个价值维度［J］．中共郑州市委党校学报，2020（2）：99–102.

［3］韩双宝，李甫成，王赛，等．黄河流域地下水资源状况及其生态环境问题［J］．中国地质，2021，48（4）：1001–1019.

［4］周晓艳，郝慧迪，叶信岳，等．黄河流域区域经济差异的时空动态分析［J］．人文地理，2016，31（5）：119–125.

第六章　黄河国家文化公园建设的理论基础

黄河国家文化公园依托黄河带核心文化遗产，由国家主导、采取规划建设公园的形式，对黄河流域中华民族共享文化进行整合、展示、传承、创新，吸引了多主体参与，旨在展现黄河流域历史文化、精神空间。“国家”表明黄河国家文化公园由国家倡导建设，也表明文化是中华民族共享的文化。“公园”是进行黄河流域文化传承和展示的形式，是当代对传统文化遗产的再解读。黄河国家文化公园的建设则需要依托黄河所涵盖的资源和文化。

第一节　资源维度

资源维度主要从文化遗产角度进行理论阐述，主要包括文化遗产价值、文化线路、遗产廊道、线性文化遗产、遗产活化等理论。

一、文化遗产价值

文化遗产的历史价值、艺术价值和科学价值是其最为重要的三大价值[5]。首先，文化遗产作为过去时间里所遗留下来的历史文化载体，担负文化传承的重任。黄河国家文化公园最早可追溯到旧石器时代的文化遗址和古人类遗存，能帮我们研究当时的生产生活状态，补全历史空白，具有重要时间价值和历史价值。考古挖掘出的实物也能为语焉不详或者记载不真实的史料文献提供佐证。其次，黄河国家文化公园的文化遗产展现了特定时代的艺术审美，甚至通过夸张的艺术手法表现自己理想中的美，非物质文化遗产通过歌、舞、传说、技艺等形式能带来更强烈的艺术冲击，观赏文化遗产能给行为主体带来审美体验。最后，黄河流域文化遗产的建造用到了自然和宇宙的知识，这直接体现出了科学价值。同时非物质文化遗产是代代相传下来的技艺和技能，也具有科学价值。总而言之，对黄河流域文化遗产具有多样的价值，而历史价值、审美价值和科学价值是最基本也是最重要的价值。

文化遗产在创作的时候一定被赋予具有某种功能用途，有些功能仍然沿用至今，有些则改变其用途将其改造成博物馆、陈列馆等。人的怀旧情感成为联系纽带使文化遗产具有纪念价值，如黄河国家文化公园中的名人府邸、寺庙题诗、著名战役遗址等。人具有怀旧情感，文化遗产成为吸引人们前去参观游览的动因。文化遗产地的政府、企业、个人就可以通过文化遗产来获取经济价值。另外，黄河流域的大型建筑遗址都体现出统治者思想和政治意愿，具有政治思想价值，前人的兵器和战争用具和军事建筑设施具有军事价值等。

随着人们认知边界的不断拓展，文化遗产被赋予新的价值。品牌是对企业和产品的高度抽象，承载的是企业向消费者承诺的价值。依据品牌作用主体的不同，其价值可分为资产价值、功能价值和文化价值[6]。当原本使用某一产品类别的品牌开始向市场引入与原先所使用的产品类别所不同的新产品类别时，就出现了品牌延伸[7]。根据品牌延伸理论，黄河的文化或者文物可以延伸出黄河国家文化公园品牌，具有文化品牌价值。文化品牌在带给消费者归属感、历史感、信赖感、尊重感以及品牌人格化的过程中，体现出了其价值特点。[8]品牌个性会随着品牌扩展延伸而逐渐削弱甚至消亡，因此在进行黄河国家文化公园品牌建设过程中要注重品牌价值的正确导向。挖掘黄河流域最核心文化遗产的文化意义，将其与中华文化象征对标，充分发挥国家文化公园的品牌象征价值。

二、文化线路

欧洲文化线路理论通过文化认同促进政治统一，文化遗产是统一欧洲的基础，利用大型线性遗产来加强地域联系。1997 年《世界遗产公约实施行动指南》将文化线路定义为“一种陆地道路、水道或者混合类型的通道”，其自身具体的和历史的动态发展和功能演变决定了文化线路的定型和行程[9]。《指南》同时指出文化线路代表人类的迁徙和流动，代表国家和地区内部或不同国家和地区间的交往，代表商品、思想、知识和价值的多维度交流，并通过物质和非物质遗产来体现。

文化线路更加强调文化的传播和交流，通过文化遗产来加强身份认同。文化线路可以说是不同尺度的，衡量尺度可以是国家、地区、文化区间等。文化线路具有多层次的价值，有社会文化价值、经济价值、生态价值、科技价值和使用价值等。黄河流域地跨九省（自治区），在我国地域上呈线性分布，是国家层面的大型线性遗产。参照文化线路，建设黄河国家文化公园要充分利用“人文始祖”黄帝的核心文化遗产，增强身份认同，从而提升中华民族的文化自信。

三、遗产廊道

遗产廊道是在一定地区由人与自然长期形成的文化景观，为当地居民提供休憩、教育的场所。俞孔坚从发生学探讨遗产廊道由自然系统、遗产系统和支持系统构成，集遗产保护与生态保护、休闲游憩、经济发展于一体[10]。遗产廊道强调绿道的生态功能和生态对文化遗产的保护功能。

1984 年，美国建立首条国家遗产廊道，将保护文化遗产、建设生态文明和提升经济价值融为一体，由美国政府主导，具有公益性质。遗产廊道融合绿道思想，大小尺度不一。遗产廊道可以是河流峡谷、运河等，也可以是由单个遗产点所联合起来的具有一定历史意义的线性廊道，其形式和内容十分多样[11]。

在一定历史时期内，黄河沿岸居民进行广泛交往或者迁移活动，沿岸包含了建筑、遗址、村镇、水利设施等文化要素，名山大川、植被、地质公园等自然要素，其流域内文化遗产和自然遗产多样，很大一部分文化遗产依旧运用于现代化的社会发展中。黄河文化公园在规划建设中参考遗产廊道建设，重视历史城镇、传统乡村、仍发挥作用的水利设施等文化景观及沿岸生态环境保护，注重自然生态与文化遗产保护和谐发展，发挥文化遗产生态价值，为游客休闲游憩提供文化空间。建构理论框架对黄河国家文化公园旅游资源进行分析和评估、加强规划建设，重视少数民族地区传统文化的挖掘和保护等具有重要作用。

四、线性文化遗产

线性文化遗产指跨越不同地理单元和文化板块的线状或带状遗产族群[12]。也有学者认为，“线性文化遗产是指在拥有特殊文化资源集合的线形或带状区域内的物质和非物质的文化遗产族群，往往出于人类的特定目的而形成一条重要的纽带，将一些原本不关联的城镇、村庄等串联起来，构成链状的文化遗存状态，真实再现了历史上人类活动的移动，物质和非物质文化的交流互动，并赋予作为重要文化遗产载体的人文意义和人文内涵”[13]。线性文化遗产有时在研究中被表述为文化廊道、廊道遗产、线路遗产等，大运河、长城、长征、丝绸之路、茶马古道等都是具体的线性文化遗产。

作为黄河沿线居民和国家的宝贵财富，黄河流域文化遗产的人文意义和人文内涵在黄河国家文化公园的规划建设过程中应当得到充分的挖掘，使得其文化传承、经济振兴以及社区和谐的作用得到充分发挥[12]。尤其要用文化遗产的内在价值和外在价值调动游客的怀旧情感，增强身份认同和文化归属。同时重视生态恢复、景观优化，将黄河国家文化公园建设成反映文化交流、人口迁移、社会经济的一个重要窗口，构建活态文化遗产的网络系统。

五、遗产活化

文化遗产来源于生活，在保护和利用过程中需要回归生活才能更好地发挥其文化传承的作用。遗产活化是把遗产资源转化成旅游产品而又不影响遗产的保护传承[14]。若文化遗产仅仅静态保护，其文化内涵、原真性难以外显。遗产的活化要在利用的过程中进行，而非关起来的“福尔马林”式保护[15]。遗产活化是对遗产本体的活化和观赏者活动的活化[14]。本体活化是根据本体不同的破坏程度对其进行修复并进行可视化的过程，计算机技术和虚拟现实技术为遗产活化提供了更加广阔的空间。观赏者活动的活化在于增强观赏者的参与和体验，提高文化遗产地的服务质量。遗产活化不能将其与当地的生产生活相割裂，继续发挥原有的使用功能。文化遗产场所和文化延续是文化遗产的主要活化路径，遗产文化空间与生产生活相结合，提炼核心文化主旨，为社区参与主体提供更加多样的活动。

将黄河国家文化公园遗产活化，具体指在开发利用中进行文化遗产保护，继续发挥黄河的使用功能。保护沿岸村落，注重文化创意发展，将黄河沿岸文化遗产保护融入生产生活中。修复因黄河而修建的传统古镇、古村落、码头等文化遗存，修复黄河沿岸景观遗产使其与现代生活场景相融合，加强沿岸生态建设。设置反映黄河沿线城镇百姓生活展，展现黄河历史故事、文化风情。活态展示黄河两岸的非物质文化遗产展，进行与黄河相关的艺术展、文学展、数字虚拟展等。同时，增加体验活动，帮助参与者从不同方面了解黄河。

第二节　文化维度

文化维度主要包括集体记忆、怀旧理论、文化空间理论、文化原真性理论和文旅融合理论等。

一、集体记忆

集体记忆是进行文化遗产保护的社会基础。法国社会学家哈布瓦赫首次提出集体记忆这一概念，并将其定义为“一个特定社会群体中成员共享往事的过程和结果，保证集体记忆传承的条件是社会交往及群体意识需要提取该记忆的延续性[16]”。人的记忆是由自身过去经历和感受形成的，也有从社群中听说和联想的。也就是说记忆更是一种群体行为，人们从社会和群体中获得记忆，也在社会和群体中重温记忆。集体记忆使得过去的信息和知识流传至今。

黄河国家文化公园以区域内可移动文物和不可移动文物所承载的信息为核心，串联整合文化符号系统，挖掘文化内涵。讲好黄河故事，探寻中华民族起源，使人们在黄河国家文化公园中能够获得和重温关于中华文明起源和文化发展的记忆。集体记忆使得群体记忆得以延续，将黄河国家文化公园建设成中华文化、民族发展的集体记忆载体，使其成为保存、重温中华民族集体记忆的媒介，为中华民族生生不息提供文化根基。

二、怀旧理论

怀旧理论是进行文化遗产保护的心理基础。人类怀旧来源于时间和空间两个维度，包括对过去美好的追忆和对家乡故居的怀念。在怀旧思想的作用下，小到乡音、民族服饰、家乡味道、本土建筑，大到名山大川、名胜古迹、文化遗址，都可以引发人们强烈的身份认同。现代人渴望逃脱当下现实，去往目的地体验当地自然、历史和人文，也是旅游动机的一个方面，这与怀旧思想的来源不谋而合。

黄河国家文化公园在建设过程中要注重文化遗产保护和展示。利用时间带给文化遗产的残缺斑驳、古老样式、传统风貌等触发人们的怀旧思想，勾起对过往记忆的怀念，从而能联想到祖先、民族的历史和国家的荣光，使黄河国家文化公园文化遗产成为中华民族精神情感的寄托。同时迎合旅游怀旧动机，发展遗产旅游，完成文化遗产的经济价值转化。

三、文化空间理论

《人类口头及非物质文化遗产代表作宣言》首次提到文化空间。我国 2005 年颁布的《国家级非物质文化遗产代表作申报评定暂行办法》中界定：“文化空间，即定期举行传统文化活动或集中展现传统文化表现形式的场所，兼具空间性和时间性。”[17]文化空间是特定群体在特定时间和特定场所举行的群体的传统习俗、价值观、信仰、艺术等文化特性的活动，具有时间性、空间性和文化性的特征。庙会、节庆、集市等活动都是典型的文化空间。

文化空间的构成要素由核心的价值观、理念或行为准则、表征文化空间的标志物、文化符号、参与主体等构成。黄河国家文化公园的核心象征：中华文化的起源—人文初祖—黄帝和儒家思想的发源—孔子—至圣先师。黄河国家文化公园文化空间，应打造聚焦文化遗产保护，营造文化氛围，建立主体功能区，增强社区参与体验性、互动性的立体存在。将黄河流域散落的文化符号进行整合，着重打造人文始祖和至圣先师两种文化品牌。规划建设遗址公园，修复被破坏的遗址遗迹，组成专题线路，打造富有生命力的文化空间。

四、文化原真性理论

1964 年，《威尼斯宪章》提出“将文化遗产真实地、完整地传下去是我们的责任”[18]。1994 年《关于原真性的奈良文件》指出，多方位地评价文化遗产的原真性的先决条件是认识和理解遗产产生之初及其随后形成的特征，以及这些特征的意义和信息来源[19]。原真性包括物质原真性、环境原真性和社会原真性。物质原真性是指文化遗产的形态、材料、位置等，环境原真性是文化遗产所在地的自然环境和历史文化环境，社会原真性是指生产生活状态和社会风俗习惯等。

严格意义上的原真性是指旅游产品由当地居民按照传统营建，对过去场景的精确再现。人们对文化遗产的满意度不仅仅取决于严格意义上的原真性，也取决于感知到的原真性是否能满足游客怀旧的动机。文化遗产原真性推动游客作出旅游消费决策，提升旅游目的地的吸引力。文化遗产旅游商业化的过程中会损害原真性，迎合消费需求，失去了文化遗产的原始意义。产品的独特性、技艺、美学价值、历史文化积淀遭到破坏。

五、文旅融合理论

文化旅游的研究和讨论由美国学者罗伯特·麦金托什首次提出“旅游文化”的概念[20]所引起。目前的主要观点有：文化是旅游的灵魂；文旅融合是追求诗和远方；文化和旅游互为资源和市场等。文化和旅游密切相关，旅游不仅具有经济属性，还具有文化属性。2018 年中华人民共和国文化和旅游部正式挂牌，是中国在促进文旅在产业层面深度融合的重要举措。文化产业和旅游产业都是拥有经济、文化双重属性的综合性产业[21]，具有产业融合的共同基础。

文旅融合有利于促进传统文化的传承和创新，旅游促进文化场景化活态传承，增强地域特色和吸引力，提高产业竞争力。文旅融合首先要对优秀的文化资源进行系统梳理，在保护的前提下推动高质量发展。其次要适应人们对美好生活的需要，打造有品质的文化旅游，提升游客体验感。最后，注重文化创新，文旅融合过程中催生新的文化特质，发展文化创意产业，打造创意集群。

参考文献

［1］中国水利百科全书委员会 . 中国水利百科全书 . 第一卷［M］. 1991.

［2］王伯恭 . 中国百科大辞典［M］. 1999.

［3］高云飞，张栋，赵帮元，等 . 1990—2019 年黄河流域水土流失动态变化分析［J］. 中国水土保持，2020（10）.

［4］张小鹏，孙国政 . 国家公园管理单位机构的设置现状及模式选择［J］. 北京林业大学学报（社会科学版），2021，20（1）：76–83.

［5］蔡靖泉 . 文化遗产价值论析［J］. 三峡大学学报（人文社会科学版），2010，32（1）：76–86.

［6］赵云，赵荣 . 中国国家文化公园价值研究：实现过程与评估框架［J］. 东南文化 .

[7] 孙习祥，兰肇华．品牌延伸的影响因子分析及评估模型［J］．武汉理工大学学报，2010（7）：182–186.

[8] 王成荣．品牌价值的评价与管理研究［D］．华中科技大学，2005.

[9] 李伟，俞孔坚．世界文化遗产保护的新动向——文化线路［J］．城市问题，2005（4）：7–12.

[10] 张定青，王海荣，曹象明．我国遗产廊道研究进展［J］．城市发展研究，2016，23（5）：70–75.

[11] 王志芳，孙鹏．遗产廊道——一种较新的遗产保护方法［J］．中国园林，2001（5）：86–89.

[12] 王吉美，李飞．国内外线性遗产文献综述［J］．东南文化，2016（1）：31–38.

[13] 单霁翔．大型线性文化遗产保护初论：突破与压力［J］．南方文物，2006（3）：2–5.

[14] 喻学才．遗产活化：保护与利用的双赢之路［J］．建筑与文化，2010（5）：14–20.

[15] 吴必虎，王梦婷．遗产活化、原址价值与呈现方式［J］．旅游学刊，2018，33（9）：3–5.

[16] 李兴军．集体记忆研究文献综述［J］．上海教育科研，2009（4）：8–10，21.

[17] 林轶，申灿玉，曾慧珠．基于文化空间理论的旅游城镇建设中传统文化保护与传承——以广西壮族自治区桂林市大圩镇为例［J］．经营与管理，2019，422（8）：139–141.

[18] Jokilehto J.The context of the Venice Charter（1964）[J].Conservation and Management of Archaeological Sites，1998，2（4）：229–233.

[19] 季宏．近代工业遗产的真实性探析——从《关于真实性的奈良文件》《圣安东尼奥宣言》谈起［J］．新建筑，2015（3）：94–97.

［20］麦金托什，格波特．旅游学：要素、实践、基本原理［M］．上海文化出版社，1985.

［21］范周．文旅融合的理论与实践［J］．人民论坛·学术前沿，2019（11）：4–5.

第七章　黄河国家文化公园建设的主要内容

黄河国家文化公园从设想规划到建设落成，是一个持续的动态创新过程。在具有中国特色政策的支持下，黄河国家文化公园进行文化遗产的保护、利用与传播。在这个过程中，以建设管理体制、发展创新机制、文化创意融合来打造黄河国家文化公园发展链条，纵向建立政府部门、区域协调机制，促进多元主体参与，开展黄河文化资源综合保护和利用，创新发展产业融合。

第一节　创新顶层设计

黄河国家文化公园旨在打造国家级文化符号，沿线各省是建设主体。建设黄河国家文化公园过程中，各省要切实承担主体责任，把握规划建设方向，健全工作机制。建设黄河国家文化公园首先要做好顶层设计，注重顶层设计的系统性、创新性。统筹文化遗产保护和文化资源挖掘，发扬地方文化特色，制定具有长期指导意义的黄河国家文化公园建设规划，对跨省域区域进行统一协同管理，形成多点联动的布局。各省成立黄河国家文化公园管理委员会，建立和完善黄河国家文化公园体制机制。除了在中央制定流域范围内黄河国家文化公园建设规划外，各市、区、县也要在突出特色的前提下对地方层面的建设工作作出长远规划，避免出现重复建设和资源浪费等问题。

一、管理体制建设

当前黄河国家文化公园管理规划建设由国家文化公园建设工作领导小组牵头进行，中央宣传部、国家发展改革委、文化和旅游部、国家文物局等部门共同配合，国家发展改革委社会司将抓紧牵头研究编制黄河国家文化公园建设保护规划。在建设中，机构定位不清晰，缺乏中央直接领导机构。从中央到地方，各层级管理权限、职能和利益存在交叉，执行效率降低。各省牵头进行黄河国家文化公园建设的机构依托如发改委、文旅部等原有机构，建立临时机构如省级国家文化公园建设工作领导小组。原有机构在已有工作基础上增加黄河国家文化公园建设工作，增加工作负担。临时机构人员抽调，机构性质定位不明确，行政职责缺乏法律支撑，行政职能的发挥受到限制。

此外，黄河国家文化公园建设涉及文化遗产保护、产业融合发展、生态文明建设、商业营销推广、公共文化服务等事务，事权交叉且分散。已有机构职能并不明晰，各省机构设置不一，缺乏联动机制。众多部门参与到黄河国家文化公园建设工作中，缺乏协调和沟通的多部门的管理必定割裂的，出现权力竞争的局面。另外，管理界限不清晰，黄河文化遗产分布与行政区划不一，推进各省划界建设存在困难。因此，地方黄河国家文化公园的协调、监督、指导能力有待加强，各部门协调沟通能力有待加强。并且规范各级黄河国家文化公园规划建设工作的相关法律法规缺乏，没有具体、系统的法律对各部门职权进行统一而详尽的界定，立法的不明确使得黄河国家文化公园各单位、各部门在实践中不能有效发挥职权。

为解决上述在黄河国家文化公园建设中的现存问题，需要采取一系列措施和制定针对性政策进行管理机制建设，包括创新顶层设计模式、建立智慧管理机制、完善组织管理体系、提供系统法律保证等。

（一）创新顶层设计模式

将决策机构和执行机构分离，确保机构整体有效运转。在中央设立领导机构，主要负责决策、议事、协商，在指导地方进行规划建设方面做好相应顶层设计，统一流域内国土空间规划和管理机制。职能人员从国务院和各省相关部门抽调，职能人员对黄河国家文化公园从整个流域出发进行整体规划，跨越行政区划，实现线性管理，关注沿岸生态环境。

地方设置黄河国家文化公园管理委员会，为规划建设的实施提供技术保障和执行人员。沿黄九省切实承担起黄河国家文化公园规划建设的主体责任，立足于国家高度把握总体方向，整合流域内各类资源，突出当地文化特色。规划建设国家文化公园中凸显黄河文化、民俗文化、打造独特文化符号，形成特色品牌标志。

（二）建立智慧管理机制

运用现代数字技术辅助进行政策设计，智能化、数字化反映黄河历史变迁、监测相关指标（例如，生态环境、河道演变、天气状况），促进黄河流域建设理念转变，提供技术支持和决策支持，增强黄河国家文化公园公共文化服务能力。

在黄河流域的水环境、生态环境监测方面，数字技术有较为成熟的应用。在文化遗产保护和利用上需要加强数字技术的辅助应用，利用大数据技术、虚拟现实技术、物联网技术等挖掘文化资源，提供文化资源创意转化率，为黄河国家文化公园文化遗产活态传承开拓新空间。在绿水青山间打造黄河流域特有的文化景观，加强黄河规划建设理念突破，构建生态与文化美美与共的黄河国家文化公园高质量建设蓝图。

建立智慧化市场运行机制，构建投资、运营系统，形成黄河文化产品、旅游产品体系，促进文化产业、旅游产业以及其他产业融合。构建黄河国家文化公园智慧化平台，支撑黄河领域公共文化服务、文化遗产保护和利用、文化和旅游融合发展，为流域居民提供更多形式更加多元的文化资源，为游客消费决策提供信息支持，为相关企业提供信息整合和业务合作平台。

（三）完善组织管理体系

完善管理组织体系，强化黄河国家文化公园管理机构的执行能力和监管能力，统筹流域内文化遗产保护利用、生态治理、水土保持等各项工作，提高相关部门协调能力和执行效率。明确流域内管理机构职能，促进流域省（自治区）有效沟通，理顺各级黄河国家文化公园管理机构的事权关系。提高管理效率和执行效率，制定和完善相关政策和工作细则，同时明确地方各部门的管理职权，进行黄河国家文化公园规划建设的确权划界，明确各方管理范围和职权。

地方管理机构主要管理日常事务、开放运营等事项，中央直接领导机构负责监管和决策，中央和地方各司其职，避免互相干预和扯皮现象。中央建立健全对流域内地方规划建设工作进程的考核激励，调动地方参与和实施的积极性。加强各级部门协调沟通，建立黄河国家文化公园跨省协调机制。加强对管理人员专业技能培训，提高业务熟练度，提高工作效率，并建立相关激励机制，刺激工作积极性。

（四）提供系统法律保障

加快立法进程，完善相关法律。黄河流域所面临的挑战有源于自然灾害如洪灾旱灾、水资源紧缺，更多的是来自水土流失、生态破坏、环境污染等人类活动带来的挑战。要想妥善有效地解决这些问题与挑战，跨区域多部门协同合作是必需的，更为关键的是需要统筹考虑水资源、水环境、水生态、水安全、水健康管理、文化遗产保护等诸多领域。此外，黄河跨越多个省区，各行政区和地方性立法又对黄河干流进行了人为分割，流域内不同地区、不同部门及不同行业之间的利益冲突与纠纷常有发生，破坏了黄河的“体制性”。地方性法规和较为分散状态的行政法规、部门规章制度，对解决黄河流域面临的挑战与问题无法发挥有效作用。

针对性和可操作的建立黄河保护治理需求的法律是迫切需要的。在新时代生态文明建设和依法治国背景下，面对黄河流域统一管理的问题，黄河国家文化公园需要借助国家法律的形式，来制定一部综合性较强的流域特别法，为黄河国家文化公园顶层设计和管理模式提供相关法律依据，将有关部门职权纳入法律权利义务范畴，厘清黄河国家文化公园建设中所面临的生态环境脆弱、文化遗产保护与利用矛盾突出等一系列问题。

二、发展机制创新

（一）水利工程转型机制

黄河流域水灾频发，沿线修建众多水利工程来防治水灾，保障沿线居民生命财产安全，例如，黄河花园口旅游区、开封黄河柳园口水利风景区、濮阳黄河水利风景区、范县黄河水利风景区、将军渡黄河风景游览区和孟州黄河水利风景区。黄河水利工程除功能性价值外，还具有历史价值、人文价值和科技价值。促进黄河流域水利工程从传统水利工程向人文水利、生态水利转型，促进其文化价值和生态价值转化，弘扬黄河水利文化，彰显古代黄河流域人民智慧。

（二）可持续发展机制

黄河流域自然资源丰富，农业、工业发达，是重要的能源材料基地，分布着大量水陆空交通枢纽。但黄河流域水资源不足、水土流失、生态环境脆弱等问题突出，因地制宜建设黄河国家文化公园，加强系统性生态环境治理具有重要意义。需要转变经济发展方式，避免粗放式开发，促进流域内一体化发展。建设过程中需注重节约用水，保护耕地，带动乡村振兴。

提高交通、教育、公共服务水平，改善沿黄居民生产生活环境，将可持续发展理念贯彻到黄河国家文化公园建设全过程。树立绿色发展理念，治理生态环境，促进黄河流域高质量发展。黄河国家文化公园各主体协商完善治理生态环境制度，增加多主体参与，建立跨行政区域生态环境监测机制，保护自然资源和生态环境。黄河国家文化公园落地实施过程中要严格把控施工建设对于生态环境的影响。在黄河国家文化公园带动下，实现产业转型升级，承接绿色产业，走绿色发展道路。

（三）利益均衡发展机制

建设黄河国家文化公园涉及多元主体，包括政府、企业、专家、社会公众、原住民、旅游者等。为实现建设黄河国家文化公园利益最大化，需要构建各个主体利益合理化、均衡化的利益协调机制。

黄河流域生态环境脆弱、环境问题突出，如果各方都出于利益导向，则会对黄河国家文化公园的整体发展方向构成威胁。健全生态补偿机制，对生态移民给予补偿，协调开发建设对原住民造成的影响，解决保护与开发利用的矛盾冲突。沿黄九省（自治区）在少数民族地区、边远贫困地区较多，为实现黄河国家文化公园一体化发展，建立横向财富转移机制具有重要意义。黄河下游山东省、河南省经济发展水平较高，黄河上游青海省、甘肃省、宁夏回族自治区经济发展水平落后。根据各省建设资金，确定资金转移支付的机制和运作模式，并建立有效监督机制，形成黄河国家文化公园利益共同体。

（四）流域发展治理机制

立足创新、协调、绿色、开放、共享新发展理念，建设黄河流域发展治理机制。创新发展治理机制是实现黄河国家文化公园高质量建设发展的动力，也能促进黄河国家文化公园产学研协同创新，带动沿黄九省（自治区）新旧动能转换。发挥企业的创新作用，加快新技术的投入使用。建立黄河流域协调治理机制，基于功能分区来处理好经济发展、生态治理，政府与市场、文化资源保护与利用的关系。

搭建开放共享平台，促进沿黄九省（自治区）在黄河国家文化公园建设人才、资金、技术等领域交流，制定跨区域的财政政策、产业政策等。

（五）开放共享发展机制

做好黄河国家文化公园开发开放规划，挖掘文化要素，满足社会大众文化需求，为黄河国家文化公园向公众开放奠定基础。加强黄河国家文化公园内景观建设，利用现有自然景观，加强生态建设，留住绿水青山，为公众提供休憩、游览空间。合理进行公共设施规划，加强相应基础设施和配套设施建设，提升公众可达度。挖掘黄河文化资源，讲好黄河文化故事。提升公共服务能力，实现公共服务均等化。

第二节　加强文化遗产保护

加强文化遗产保护首先要设置专门机构进行黄河文化线性保护，充分挖掘文化内涵，广泛促进群众参与文化传承与创新。机制体制层面可以建立文化遗产分级管理制度、文化遗产保护弘扬机制、文化遗产数字化管理机制、文化遗产活态传承机制和文化遗产警务协作机制等。

一、文化挖掘与保护

黄河文化遗产的重要价值已受到相关部门重视，并且开展了一系列文化遗产保护工作，但目前对黄河文化遗产保护工作仍然存在以下问题。

（1）黄河文化遗产界定不清。黄河流域文化遗产保护工作中，欠缺对黄河文化遗产的界定。厘清黄河文化遗产概念是明确保护范围和对象的基础，学界欠缺对黄河文化遗产概念和内涵的讨论。黄河文化遗产兼具自然和人文。自然类文化遗产包括巍峨高耸的山脉、气势磅礴的瀑布、广袤无垠的湿地草原、浩瀚无边的荒漠戈壁。人文类文化遗产包括历史名城、传统村落、重点文物保护单位、考古遗址、建筑名城、佛塔石窟、碑刻、摩崖石刻等。黄河流域还有人文始祖的神话传说、民间故事、传统技艺、传统乐器等非物质文化遗产。黄河流域文化遗产涵盖物质和精神，串联起从远古到近代的历史发展脉络，构成一个庞大而复杂的系统，对黄河文化遗产内涵、外延、价值、分类的研究有待进一步加强。

（2）黄河文化遗产多头管理。黄河文化遗产由文化和旅游部、建设部等多个部门进行管理，责任主体多元，缺乏统一的管理机构。多部门交错管理造成多头管理的现象，给文化遗产保护工作推进带来众多不便，降低管理效率。

（3）黄河文化遗产保护观念有待更新。目前，对于黄河流域文化遗产主要根据文化遗产进行点状、片状保护，缺乏流域内整体保护框架。黄河文化遗产分布具有线性特征，传统的点面保护观念需要向大型线性遗产保护转变，注重将单一的自然要素和人文要素联结形成文化景观。采用整体、系统的观点进行文化遗产保护，集中社会资源，提高保护工作有效性和文化景观全局性。

（4）黄河文化遗产保护公众参与不足。社会公众是文化遗产保护的重要力量，黄河文化遗产保护过程中社会公众参与深度欠缺，缺少话语权，难以发挥建设性作用。

黄河文化遗产是点状文化遗产串联，结合生产生活人文环境和自然景观形成的线性文化遗产区域。对黄河流域文化遗产保护存在问题进行梳理后提出以下建议：

（一）设置专门机构

黄河国家文化公园主要依托文化遗产整合文化资源，弘扬黄河精神。对于黄河文化遗产的保护是一项复杂的系统工作，在黄河国家文化公园管理体制建设中需要设置专门负责文化遗产保护的机构，统领流域内文化遗产保护工作。在地方设置文化遗产保护工作执行机构，吸纳专业人才，对上级机构负责，独立于地方政府。建立统一而独立的文化遗产保护机构，避免多部门职能交叉和多头管理现象。

（二）系统线性保护

保护黄河文化遗产不仅仅要考虑文化遗产本体，还需要保护其依附的自然和人文环境。不仅将点状文化遗产串联，还需要考虑文化遗产保护与经济生产、生活社会、生态环境的动态平衡。对黄河文化遗产进行线性保护首先需要调研文化遗产及自然环境，为遗产保护提供数据支持。从思想观念上树立一体化保护观念，区域协同，促进文化遗产保护工作系统性和整体性。通过交通体系、生态廊道等建立物理连接，打造黄河流域统一的文化符号系统，提高黄河流域各个区域之间的物理关联、文化关联，增强流域内通达性。兼顾物质文化遗产和非物质文化遗产，协调自然景观和人文景观，挖掘文化内涵，促进文化遗产活态保护。

（三）促进公众参与

文化遗产需要人来传承，文化遗产的活态保护与人的生产生活密切相关。人是文化遗产保护的主体，文化遗产传承人是保护的对象，社会公众是文化遗产保护的群众基础。增加公众参与黄河国家文化公园建设的权利，提高公众参与积极性至关重要。如果缺乏公众参与仅靠政府推动，黄河国家文化公园在规划建设上会形式主义，不接地气，达不到增加黄河文化认同的目的。黄河流域文化遗产是在历史长河中由人建设形成的，保护黄河文化遗产也要依赖广大群众，形成社会合力，在决策和规划过程中征求民意，将黄河国家文化公园建设成受大众欢迎的文化胜地。最根本的是要从制度上确认公众参与权利，为扩大公众参与提供根本保障。

（四）挖掘文化内涵

黄河文化遗产目前的保护方式单一，博物馆陈列展示一部分文化或者照片。存在为了保护而保护的现象，将文物存放在库房内并不开放。黄河流域建筑、艺术、文字、食物、植物、水利工程等方面可以挖掘的文化元素众多，各地文化风格迥异，独具地方特色。黄河文化是中华民族的根和魂，几千年来，黄河文化生生不息，造就了中华民族顺应自然、天人合一的自然观，自强不息、艰苦奋斗的顽强精神，日益进取、坚忍不拔的开拓精神和海纳百川、兼容并包的开放精神。建设黄河国家文化公园应该积极挖掘黄河沿岸文化符号、艺术元素，结合地方场景，生动讲述黄河故事。借黄河国家文化公园建设契机，向世界展示生动中国故事，增进国际社会对中华文化内涵的理解和认同，向世界呈现真实中国。

二、机制与手段创新

（一）文化遗产分级管理制度

编制国家级、省级、市级黄河文化遗产保护名录，明确相关主体的保护责任，对文化遗产进行分级管理，监测各级文化遗产风险状况。发挥各级政府在文化遗产中的主导作用，完善地方法律法规，打击文物违法犯罪。完善黄河流域网络基础建设，推进黄河国家文化公园信息化进程。结合数字技术对文化遗产进行数字化采集，建立文化遗产资料数据库，建立线上分级管理平台。

（二）文化遗产保护弘扬机制

统筹建设黄河国家文化公园核心弘扬展示区，串联黄河流域喇家遗址、大地湾遗址、西夏陵遗址、居延遗址、蒲州古城遗址、二里头遗址等大型考古遗址，建设重要文物保护单位，弘扬黄河崇拜、治河传说、黄河号子等非物质文化遗产。保护传统农耕技术、传统村落、水利工程，打造世界级黄河文化遗产保护示范区，展示黄河独特文化基因。

在资金、人才等领域向文化遗产保护倾斜。中央调拨专项资金进行黄河文化遗产保护，各级政府调研辖区内文化遗产分布状况，加大对重点文物的保护投入力度。吸纳社会资本，通过税收抵扣、减免利息等措施拓宽资金来源。结合高等教育，开设相关专业，培养高素质专业人才。完善相关激励制度，留住人才，为建设黄河国家文化公园提供人才支撑。

（三）文化遗产数字管理机制

完善黄河沿岸网络基站，对黄河文化遗产进行信息化采集，建立黄河文化遗产信息管理平台。建设和完善黄河文化遗产云平台和数据库，提升信息存储能力，建立数字化管理和监督整体方案，促进数字遗产线上共享和利用。建设黄河数字博物馆集群，连接传统文化遗产和现代生活，拉近人们与文化遗产的距离，打破文化遗产展示的时间空间限制。

挖掘黄河沿岸文化遗产及非物质文化遗产历史、文化故事，利用人工智能、云计算、虚拟现实等技术进行生动展示、丰富游客体验，利用大数据技术挖掘用户需求，从而提供适应其需求的情感内容和精神价值。

开发数字动漫和衍生游戏，创作相关文创产品，进行线上线下展销，焕发黄河文化遗产新时代的活力。黄河蕴含庞大的文化符号系统，将文化符号进行数字化方便获取，为进行文化创意活动提供素材资源。在黄河文化公园进行数字化管理文化遗产过程中传播传统文化，增进大众对于黄河文化遗产更加生动的认知。

（四）文化遗产活态传承机制

活态保护相对于静态保护，是在生产中对文化遗产进行保护。时代在不断变化，黄河流域文化遗产功能随时代不断变迁，众多水利工程仍然沿用至今，而且黄河至今还发挥着交通、防洪、游览的作用。黄河国家文化公园文化遗产不仅仅是时代的见证，更应该在现代生活中发挥其原有功能和作用。只有活态保护文化遗产，发挥文化遗产的功能和作用，才能使文化遗产得到有效传承。

黄河国家文化公园进行旅游利用过程中，要保持其文化遗产原真性，保持黄河沿岸生产生活原状。延续黄河航运功能、防洪功能，保护非物质文化遗产。打造黄河国家文化公园生态博物馆、黄河古道遗址公园、历史文化街区和一系列旅游演绎，生动展现和传播黄河文化故事。

（五）文化遗产警务协作制度

建立黄河流域文化遗产保护警务协作联席会议机制，制定黄河流域警务协作长效机制，公开文化遗产保护警务资源，打击跨行政区域文物犯罪活动。形成打击、管控、预防一体化的工作格局。设立打击文化遗产犯罪警务协作指挥部，精确打击破坏、倒卖文物等犯罪行为。选拔具有文化遗产保护和法律知识基础的复合型警务人才，在工作过程中，也要不断进行相关知识培训，进一步提升相关知识，为有效展开警务工作奠定基础。提高文化遗产警务人员薪资待遇，建立相关激励政策，加强人才引进，为打击文化遗产犯罪吸纳骨干力量。

第三节　实现综合利用

黄河文化遗产综合利用就是促进多元价值转化的过程，首先要认识到黄河文化遗产的综合价值。最重要的是强化社会价值和公益性，为公众提供亲近自然接触文化的机会，充分发挥教育、休闲游憩功能，促进文旅融合，完成向稳定产值的转化。

一、综合价值发挥

黄河文化具有历史价值、科技价值、艺术价值等多元价值，并由此衍生出社会价值、经济价值、文化价值等。

黄河文化的历史价值是建设黄河国家文化公园的重要支撑，黄河文化文艺展现了一定历史时期的社会、文化、经济等发展状况，也反映了当时人与自然的关系和人类创造力、改造自然的能力、生产力发展状况。文化遗产的建造本身包含科学和技术，具有较强的科技价值，为现代研究古代记忆提供借鉴。黄河文化遗产中还包括建筑，雕塑，非物质的传统乐器、传统曲艺，蕴含艺术价值，为人们提供审美体验，具有艺术价值。

根据其基础价值又可以衍生出多元价值。黄河文化反映中华民族起源，有助于向社会大众渗透国家观念、民族观念，培养中华民族广泛的文化认同，建设黄河国家文化公园能够为中华民族提供精神支撑，彰显黄河文化的社会价值。围绕黄河文化遗产建设相关项目，带动产业发展，发展文化产业、教育业、旅游业等，扩大就业，增加经济收入，改善沿线居民生活质量，具有经济价值。同时，黄河文化遗产独具文化特征，对丰富现代人精神生活、引领现代精神思潮具有重要文化价值。修建黄河国家文化公园将在一定程度上带动周边基础设施、生态环境建设，优化公园环境，具有环境价值。

黄河国家文化公园具有保护传承、宣传教育、科学研究、休闲游憩等多重功能：

（1）黄河文化保护传承功能是基础功能，黄河国家文化公园内众多文化遗产表征中华民族精神，十分珍贵且不可再生，对文化遗产进行保护和传承是重要宗旨。进行文化遗产保护和传承是黄河国家文化公园可持续发展的关键，关乎其他功能的可持续性发挥。

（2）宣传教育是黄河国家文化公园的核心功能。黄河国家文化公园中众多文化遗产、遗迹、遗存，直观展现黄河文化，是中华民族传统文化教育、民主精神弘扬、红色革命精神教育的重要基地。

（3）黄河国家文化公园也具有科学研究功能。其物质文化遗产、非物质文化遗产保护利用，公园规划、建设、运营、管理、生态保护、社会参与等问题具有很大的科研价值。休闲游憩是黄河国家文化公园的重要功能，黄河国家文化公园分区规划利用，主体展示区、文旅融合区、传统利用区都可以为游客提供休闲游憩、参观体验活动。

（一）科学处理保护与开发关系

对黄河文化遗产进行综合利用首先要科学处理保护与利用的关系，树立正确的保护与利用观念，促进黄河文化遗产传承利用与经济和谐发展。黄河流域面积广大，流域内区位特征、经济发展水平、文化特色等方面存在显著差异，如何处理保护与开发的关系，对流域内文化遗产进行综合利用，促进文化、产业、生态协同发展是建设黄河国家文化公园、讲好黄河故事、发扬民族精神所要面临的重大挑战。要扎实推进黄河文化遗产保护工作，对流域内文化遗产状况进行调查摸底，建立数据库，对获取数据进行信息化管理；修缮破损文物，建立分级修复文化遗产名录；展开对黄河故道、古堤防、古渡口的考古工作。研究黄河文化遗产在当代的价值，为文化遗产展示传播、综合利用奠定基础。

（二）黄河水利风景区文旅融合

完善黄河流域基础设施，提高交通通达度，开发水利旅游服务路线，完善水利旅游服务设施，将开发水利风景区旅游产品与特色小镇和乡村旅游结合起来，促进文旅融合与乡村振兴有机结合。开发黄河水利精品研学路线，串联黄河流域水利风景区，发扬治水精神。搭建黄河旅游综合平台，结合地理信息系统、虚拟现实、智慧景区等技术，将黄河流域水利风景区旅游资源进行整合，满足游客食住行游购娱需求。通过线上平台对水利风景区文化旅游进行展示和宣传，打造网红旅游地，探索网络营销新模式。

（三）强化黄河文化的社会价值

发挥出黄河文化的社会价值，首先要凝练出黄河文化内核，挖掘人与黄河相互影响的历史中所形成的民族精神、价值观念，在新时代背景下进行文化创新，赋予黄河文化新的时代价值。发扬黄河文化中蕴含的美好精神品质：团结、务实、开拓、拼搏、奉献。充分发挥黄河文化的社会引领作用，拉近黄河文化与沿岸居民的距离，在黄河沿线建设黄河文化专题展览，扩大黄河公共文化服务。讲好黄河文化故事，拉近黄河文化与沿岸居民联系，增强流域居民文化认同和文化自信，增强黄河流域和整个中华民族的凝聚力和向心力。

二、产业融合创新发展

黄河国家文化公园通过文化与生产要素、发展要素的相融，来实现产业融合的核心发展，用文化引领作用系统全面发展。黄河国家文化公园产业发展涉及产业发展政策、产业链融合、相关制度创新、文化要素融合引领等。黄河国家文化公园通过对文化资源的开发利用，创造出密切相关且相互融合的产业链，而并不仅仅是从教育、旅游、文化创意等方面进行。革新机制、培养人才、构建产业融合发展政策网络。对文化产业、旅游产业、文创产业的统筹发展而言，首先需要将传统产业园区聚集、各自分工思维打破，在此基础上来促进公园共建、共享、公益。

（一）文旅融合

文化产业和旅游产业相辅相成、互惠互利，促进文化与旅游产业融合可以提供发展竞争力。文化为黄河流域旅游资源开发利用表征独特性，旅游实现文化价值转化，带来经济效益。文化和旅游要素、文化和旅游产业链结构在经历重组后所形成的文化旅游生态链就是文化旅游[1]。黄河文化旅游利用存在以下问题：就发展模式而言，文化旅游逐渐趋向于一致，缺乏创意；产业发展模式单一，产业之间融合欠缺；文旅产业链欠缺整合和延伸。针对问题提出以下建议：

（1）规划布局黄河文化遗产利用区域。黄河国家文化公园文旅融合应该统筹全局，以点带面，从黄河流域整体出发，盘点黄河流域文化资源，界定黄河文化区域。黄河上游青海省、四川省、甘肃省、宁夏回族自治区加上内蒙古自治区局部、陕西省、山西省北部地区代表中华民族文化融合区域；关中河洛地区代表中华文化核心。黄河国家文化公园为有效促进文旅融合，需将散落文化遗产进行整体开发利用，先建设黄河典型景点，挖掘自身特点，采取差异化战略。找到黄河不同区域文脉，将区域内最本质的文化特征作为串联的依据，发现遗产群，进行线性开发利用。注重整体性和系统性，制定“文化＋产业融合”政策。调动社会资源，形成社会合力，促进黄河国家文化公园文旅发展路径创新，发掘文化核心，利用文化要素，实现文化资源向文旅资产的转化。结合黄河流域重点文物保护单位、世界文化遗产、重大考古发现，结合虚拟现实技术，增加文化旅游新体验。

（2）打造区域文旅品牌。由黄河九省（自治区）展开合作，定期举行黄河国家文化公园文旅联席会议，讨论黄河流域文旅发展方向。加强区域合作，打造黄河文旅品牌。根据黄河文旅发展现状制定旅游宣传口号，打造黄河文化旅游目的地形象。

（3）建立执法与投诉联动处理机制。建立面对游客和旅游企业的投诉和上报机制，并配备完善的执法联动机制。为黄河国家文化公园运营提供上报渠道和问题解决渠道，以达到区域旅游合作的新高度。

（4）形成多形式营销宣传。在保持传统营销宣传渠道的同时，也要顺应潮流的发展开拓新的渠道。在利用传统营销宣传渠道如政府宣传平台、旅行社平台、中央省市级电视广告平台以及相关的节庆、会展、演艺等的同时，需要开拓和利用新媒体的传播手段，以 App、微博、抖音、微信等平台为主要阵地，借助文化创意等更具有吸引力的手段，如场景化、可视化等进行营销。

（二）文创产业

打造黄河国家文化公园文化创意融合带，打造文化创意产业聚集，形成文化创作、人才培养、商业合作、产品营销的产业链良性循环。文化产业上形成投资主体、沿线居民利益共生的伙伴关系，构建良性文化产业业态，营造黄河国家文化公园文化创意工作者、旅游者、科研机构、投资者、消费者和谐共创的开放文化空间。超越线性政策，整合黄河流域文化资源，构建黄河文化生态，形成活泼的文化创新氛围，形成生产要素和需求要素良性互动，在政策方面应该给予综合激励，促进文化成果创新性转化。

不同地区不同时代的文化资源寄托特殊的文化和情感，黄河国家文化公园文创产业要展现黄河流域不同时期特有的文化和情感。黄河国家文化公园发展文创产业应该突出地方文化特色，打造差异化文化品牌，减少同质化竞争和恶性竞争现象。搭建黄河文化创意产业网络化服务平台，方便企业间服务和企业与外界对接。结合大型节庆活动、文化博览创建文创产品线下体验平台，通过消费者反馈来促进文化创意转化，提炼与社会大众相契合的价值观，兼顾大众文化与流行文化，提升文创产品市场价值。

三、促进多元参与

为实现黄河国家文化公园多元利用，要在政府主导下，协同相关部门、企业、科研机构、高等院校、社会公众共同参与，创建黄河国家文化公园规划建设智库，在调研、规划、建设、利用过程中发挥积极作用，为进行决策提供意见和建议。就黄河国家文化公园建设和利用问题出台相关政策，构建共建共享平台。

为保证多元主体参与，需要建立黄河国家文化公园规划建设人才培训机构，选拔相关人才或社会志愿者进行集训，促进黄河文化传承和创新。政府拓宽多元主体参与黄河国家文化公园建设和利用渠道，重视公众的监督作用，调动社会积极性，对违法违规建设行为、破坏黄河生态环境行为、损坏文化遗产行为等进行监督，建立相关奖励监督制度。通过政府门户网站信息平台、微信公众平台等渠道，将流域治理所涉信息公开，发布治理工作动态，保障社会公众的知情权。开展黄河流域生态保护征求意见活动，邀请社会各界积极建言献策，参与到环境保护的决策中来。

充分考虑黄河国家公园建设和利用相关主体利益，协调多方利益关系，满足多元主体利益诉求来调动各方参与积极性。构建多元主体协商机制，协商在规划、建设、利用过程中出现的问题，加强沟通协商和多元合作。建立各地方政府财政协作机制，地方政府设立建设黄河国家文化公园专项资金，制定财政预算，明确各地方政府的财政权责，合理安排相关支出，共同形成支持黄河国家文化公园建设的财政合力。创新融资机制，通过股权合作方式吸引社会资本参与黄河国家文化公园建设和利用，打造利益共同体，引导各界参与和市场化运营。

第四节　完善协调发展机制

黄河国家文化公园地跨多个省份，文化遗产类型丰富多样分散、权属多样，相关利益主体多元。黄河国家文化公园建设涉及国家、省、市、县等多层级，完善协调发展机制势在必行。

一、多部门协调

黄河国家文化公园建设涉及文旅部、宣传部、发改委、自然资源、建设部等多个部门，因此需要各个部门加强协作。多部门协调行动就要求科室之间权职明确，加强沟通交流，协同行动，齐心协力建设好黄河国家文化公园；各个部门内部促进人与人之间和谐关系、人与事物之间和谐关系，打造和谐机关。在各个部门形成沟通良好的民主氛围，运转有序，使得一系列工作落实有序、高效完成，促进黄河国家文化公园建设事业有序进行。制定整体规划，树立一体化思想观念，统筹黄河流域一盘棋，发现地方特色，发挥地方优势，各个部门齐发力形成黄河国家文化公园发展合力。

加强部门协作，统筹多部门建立协调机制，避免出现多头管理现象，提高管理效率。消除各部门政策相矛盾的地方，确定工作优先顺序，对冗余政策进行梳理和改革。协调上下级政府部门、同级政府部门、政府部门与非政府部门之间关系，克服点状思维模式，在建设黄河国家文化公园更高的战略层次上协同各部门，及时纠正思想偏差。

二、跨区域协调

黄河国家文化公园建设是复杂的系统工程，如何打破地区壁垒，在区域间统一协作是规划建设中亟须解决的问题。建设不应单纯依赖行政、计划手段，而是要打破行政区划和属地管理，加快区域合作，构建黄河国家文化公园统一体。

（一）管理协同

设置最高黄河国家文化公园管理机构，在国家级、省级、市级和县级四个层面建立协作体系，建立跨区域协同共享机制，协调资金、政策方面的一致性，形成中央统筹、分级管理、区域协作的工作格局。国家层面统筹制定黄河流域科学规划，分类指导各区规划建设实践。各区域召开联席会议，研讨各文化遗产保护、文化展示、生态保护、文旅融合等问题，针对地方特色，探索适合该区域的发展模式。加强各区域黄河国家文化公园规划沟通协调，及时解决工作中存在的问题，衔接国土空间规划和黄河国家文化公园建设规划，健全相关法律、管理规范和技术标准，确保规划建设在各个区域有效实施。

（二）问题协同

建设黄河国家文化公园存在众多问题，如生态保护问题、文化遗产保护问题、国土空间规划问题、民族问题、社会民生问题、经济增长、产业转型、黄河长治久安等。各种问题相互交织，形成问题网，随时间不断演化。各省尽快做出黄河国家文化公园国土空间规划，厘清问题网络中的逻辑关系、抓住主要矛盾在黄河流域内打破行政区划壁垒，加强问题区域协同解决。建立共商共治对话机制，召开定期会议，就相关问题开展讨论，发现问题本质，建立跨区域解决机制并制定解决方案。形成区域间沟通畅通、优势互补、高质量规划建设的发展格局。

（三）利益协同

黄河国家文化公园建设涉及众多利益，包括眼前利益与长远利益、行政区划利益、市场竞争利益、绩效考核利益、民族稳定发展利益。在黄河国家文化公园一体化建设过程中，根据不同功能划分区域，创新区域利益协调机制，横向缩小各个区域发展差距，促进黄河流域全面协调发展。将局部利益与全局利益协同起来，在更高层次、更多利益主体达成一致性。利益协同的底线是不能破坏黄河流域生态环境，坚持可持续发展模式，将规划建设的代价控制在可接受范围内，尽最大可能为沿岸人民争取福祉。

（四）基础设施协同

建设黄河流域整体性基础设施，实现交通、能源一体化，降低建设成本，提高效率，加强区域关联度，打造立体交通网络，形成黄河流域互通互联的交通网络。导入科技、教育、医疗、文化等优质资源，完善公共服务配套设施。加强黄河流域数字基础设施一体化建设，发展人工智能、物联网、区块链等技术，促进网络共建共享。流域内统筹水系、岸线、湿地、林地，加强河道治理。加强城市环境治理和建设，建设黄河生态廊道，打造黄河城市风貌带。建设新能源充电站、5G 基站，打造数字孪生城市。

（五）生态治理协同

黄河国家文化公园建设的另一个重要依托是生态环境。黄河流域面临洪水风险，生态环境脆弱，水资源不足，发展质量有待提高。建设黄河国家文化公园需要治理黄河生态，为公众提供宜人的休憩空间感受黄河文化。黄河地跨九省（自治区），流域各职能部门在生态治理上出现碎片化，加大治理难度。沿线需要打破行政区划壁垒，协同进行生态治理，构建协作管控体系。以生态保护和实现人与自然和谐发展为出发点，综合运用行政和市场手段，通过区域协同、部门协同、利益协同形成区域生态保护、长效治理统一的综合多主体协同治理体系，调动生态保护积极性，发扬合作精神，保障黄河长治久安。

（六）文化协同

在凝聚流域共同规划建设方面，文化是重要的基础，厘清黄河文明与中华文明的关系，各个地区协同推进对中华文化的研究，挖掘各个地方黄河文化蕴含的智慧和精神并融入黄河国家文化公园规划建设中，服务于黄河流域协同发展，避免文化项目同质化竞争。通过文化共识引领区域共治合作框架，做好文化促进黄河国家文化公园高质量发展的产业规划，发扬黄河根魂文化，上升到精神层面，满足社会大众文化需求。各区域在文化内涵挖掘、文化创意转化等方面搭建合作框架，以快带慢，在提供公共文化服务能力方面开展深层次合作。

参考文献

［1］李月英．如何保护和传承黄河流域非物质文化遗产［J］．戏剧之家，2021（18）：197–198.

［2］樊莉娜．线性遗产视角下黄河文化遗产的特征及保护策略［J］．三门峡职业技术学院学报，2021，20（1）：38–42.

［3］杨越，李瑶，陈玲．讲好“黄河故事”：黄河文化保护的创新思路［J］．中国人口·资源与环境，2020，30（12）：8–16.

［4］付瑞红．国家文化公园建设的“文化＋”产业融合政策创新研究［J］．经济问题，2021，（4）：7.

第八章　黄河国家文化公园的管理体制

《黄河流域生态保护和高质量发展规划纲要》要求抓紧开展顶层设计，加强重大问题研究，着力创新体制机制，管理体制是其中重要一环。《关于建立以国家公园为主体的自然保护地体系的指导意见》中指出管理体制包括统一管理、分级行使管理职权、合理调整自然保护地并勘界立标等。国际上具有众多国家公园建设先例，在进行黄河国家文化公园管理体制建设时可以综合国际典型管理体制建设经验，结合黄河具体情况，制定适合自身的管理机制。

第一节　国外国家公园管理模式

国家文化公园是中国推进实施的重大文化工程，整合文物资源实施公园化管理运营。欧洲国家、美洲国家、亚洲国家各自不同的国家公园管理体制对国家文化公园的管理机制均具有借鉴意义。总体来说，国家公园管理模式可以分为中央垂直管理模式、地方自治模式和协同共治模式三种类型。

一、中央垂直管理

（一）概述

美国的国家公园管理体系主要是垂直统一的管理模式，从中央到地方具有三层管理机构：中央国家公园管理局、地方国家公园管理局、基层国家公园管理局[1]。这种管理体系是由中央对地方进行垂直管理，其他机构进行辅助，来实现国家公园的教育、科研、旅游观光等功能。

中央国家公园管理局对联邦政府内务部负责，下设七个地方国家公园管理局，分别是首都地区、东南部地区、西部地区、中部地区、北部地区、西部山区和阿拉斯加地区。地方国家公园管理局直接对中央负责，对国家公园日常事务进行管理，地方政府无权干涉。美国国家公园的管理人员对自己的定位是国家公园的服务者，相关管理人员、服务人员需要具有相应学历而且需要通过相关培训。

同样对国家公园采用自上而下管理机制的国家还有加拿大。加拿大国家公园的管理工作由其管理局负责，建立分区管理系统，不受公园所在地政府的管辖。意大利设立最高机构——文化遗产部，中央政府自上而下进行垂直管理，文化遗产部下设 18 个文化遗产保护单位。另外建立文物宪兵制度打击文物犯罪，文物监督人制度拓宽公众参与，激发公众的文物保护意识。此外，新西兰、俄罗斯、法国、南非均采用该种管理方法。

（二）典型案例——意大利阿匹亚古道

1. 阿匹亚古道考古遗址公园简介

阿匹亚古道全长 660 公里，从罗马向东南延伸，起点从卡拉卡拉浴场旁的卡佩纳城门直到东部海岸的布林迪西。阿匹亚古道于公元前 312 年修建，最初是为了满足军事用途。随着罗马不断向外扩张，阿匹亚古道也不断向外延伸，将被古罗马征服的地方不断串联起来。阿匹亚古道兼具历史价值、实用价值和美学价值，随着阿匹亚道路开通和投入使用，极大地促进了人口流动。通过人口流动促进沿线贸易发展和罗马文化传播至今，阿匹亚古道串联众多古陵墓遗址和文化遗产，兼具交通和观光功能。

阿匹亚古道是罗马帝国强盛之路上浓墨重彩的一笔，见证了城镇变迁、历史演进和重大事件，是串联其文化、历史、艺术的道路，对罗马文明的传承和传播起到了极大的促进作用。“条条大路通罗马”就是阿匹亚古道最真实的写照，阿匹亚古道至今还在沿用。修建目的决定了阿匹亚古道的战略意义，因此阿匹亚古道有“万路之母”的美称。

2. 历史变迁及保护历程

阿匹亚古道见证了罗马帝国的强盛和衰败。罗马帝国灭亡后，沿途贸易和文化交流大不如前，阿匹亚道路逐渐没落，得不到应有的维护。文艺复兴时期，分布在阿匹亚古道沿线的古建筑引起相关学者的重视。阿匹亚古道的保护从拿破仑时代直到现代从未间断，详见表 8–1。

表 8–1 阿匹亚古道保护历程

时间	保护详情
19 世纪	拿破仑帝国时期，设想建设从罗马市中心到近郊考古遗址公园
1870 年	意大利统一，建设大量现代道路打造未来之都，阿匹亚古道遭到破坏
1965 年	成立阿匹亚古道沿线区域保护区，向公众开放
1988 年	设立阿匹亚古道大区公园
2004 年	拓展至罗马以外区域，意大利政府开始申遗，但未成功
2016 年	意大利政府成功将阿匹亚古道全线申遗，成立国家级阿匹亚古道考古公园

3. 综合集中管理模式

阿匹亚古道全长 660 公里，跨越地区范围广大，跨越行政区产生的主权归属问题为管理工作带来挑战。意大利政府需要从国家层面跨越行政区域建立起对阿匹亚古道的统一管理，才能有效统筹阿匹亚古道考古、保护、展示、利用等。

从上到下的管理体制下，意大利文化遗产和活动部下设阿匹亚古道考古公园管理局，负责日常事务管理。阿匹亚古道考古公园管理局采用综合集中工作，不同学科背景的专业人员按照要求开展工作。综合集中的模式是指国家拥有文物主权和管理权，提供人才和经费支持对文化遗产的修复、养护、公共服务负责，促进文化遗产保护、利用、管理等统筹发展。

阿匹亚古道考古公园管理局日常的主要工作是文化遗产考古、资料整理、归档、维护与修复。进行文化遗产维护与修复之前，首先最重要的是根据风险等级、重要价值、不同形式等建立分类标准，根据不同类别不同方向的专业人员开展资料整理，确定维护方案、工艺、成本、频率等。进而通过公园形式进行展示，促进文化传播，促进文化认同。同时，在进行遗产保护过程中需要大量资金，为拓展资金来源，允许在法律范围内进行外包和社会合作。

二、地方自治模式

（一）概述

地方自治模式核心在于中央将国家公园管理权下放，属地管理部门进行国家公园的管理和监督工作，并且具有立法权、决策权和执行权，中央政府负责协调和沟通。德国的国家公园采取三级管理机制：州立环境部—地区国家公园管理办公室—县（市）国家公园管理办公室，分别隶属于各级议会。国家公园的各项管理事务，包括界限划定、法规制定、公园规划等，由地方政府的相关部门负责，联邦政府只负责制定宏观政策。除德国外，澳大利亚由原住居民和地方政府共同管理国家公园事务，各方主体平等参与。

（二）典型案例——德国黑森州科勒瓦爱德森国家公园

1. 德国黑森州科勒瓦爱德森国家公园简介

2004 年德国黑森州政府依据其上年年末颁布的《科勒瓦爱德森国家公园法令》建立科勒瓦爱德森国家公园[2]。科勒瓦爱德森国家公园是黑森州唯一的国家公园，旨在保护榉树林，总面积接近 6000 平方公里。良好的生态环境吸引大量野生动物集聚，另外众多昆虫也栖息于森林中。科勒瓦爱德森国家公园集生态保护、科研、教育、娱乐等功能于一体，在大自然中实现娱乐和教育等功能。

2. 历史变迁及保护历程

科勒瓦爱德森较为偏远，一直没有被开发，直到 19 世纪中叶这片森林被当作皇家狩猎场。森林一直有很多动物栖息，具有良好的生物多样性，1935 年州政府为保护其良好的生态环境，将其指定为自然保护区。1990 年，该地区大部分地区划为天然森林保护区。

1992年该地区成为黑森州主要的木材区和狩猎区，人类活动对生态系统造成的负面影响初现，黑森自然保护联盟为保护榉树林生态演替向州政府提议建立国家公园。州政府考虑到建立国家公园影响当地经济发展和就业，为维护现有经济利益，拒绝了自然联盟的提议。1996年可持续发展理念开始流行并广受大众接受，黑森自然保护联盟再次提议建立公家公园。州政府意识到保护自然与发展经济同样重要，展开广泛的社区意见征集。但大众的可持续发展意识并不那么普遍，超过50%的人否决，建设国家公园的提议又一次付之东流。2000年黑森州面临产业结构转型的困境，黑森自然保护联盟提交第三次提议。经过多年的筹备直到2004年，黑森州政府建立国家公园，原有机构转变为国家公园的管理部门，原伐木工人转变为护林员。2020年10月，黑森州国家公园向埃德西湖以北和以东扩展1950公顷的土地。

3. 地方自治管理模式

德国是一个联邦共和制国家，科勒瓦爱德森国家公园的管理模式主要是联邦政府确定总体原则和框架，州政府自治。在法律层面，联邦政府编制自然保护方面的立法框架，各个州可以基于联邦政府法律框架编制具有效力的法律法规[3]。州政府在执法过程中，享有尊重联邦法律内涵前提下的自由裁量权。联邦法律是1977年实施的《自然保护和景观管理法》，该法律对建设国家公园条件、目的、保护等作出要求。联邦政府管理国家公园的机构是德国环保部和联邦自然保护局，主要职责是保障决策科学性，提供资金，促进国际合作，公共信息服务与教育等。总之，不论是联邦法律还是联邦政府，对国家公园只是搭建框架，提供服务，并不直接参与管理，而是由地方进行自治。

科勒瓦爱德森国家公园管理中最大的亮点是生态系统和野生动物保护管理。

为有效进行生态系统保护，相关部门充分利用地理信息系统等技术手段，结合森林作业图专门绘制了生态系统地图。对生态系统分区分类进行保护，包括自然区、人工干预区和人工管理区。通过生态系统分区和实时动态监控，可以不断调整森林生态系统的保护手段和措施，合理进行人工干预，保证森林自然演替最优化。公园管理方尊重森林的自然演化，对于火灾或者其他灾害天气不进行人工干预。在野生动物保护方面，划定可狩猎范围，允许狩猎的主要目的是控制公园内野生动物数量，避免野生动物数量过多造成森林过载，或者破坏周围农田庄稼。

三、协作共治模式

（一）概述

英国国家公园采用多元参与的综合管理体系，管理部门牵头，地方议会、社会群体及社区居民依法参与国家公园规划和建设。为对国家公园进行统一管理，英国在国家层面上成立了国家公园委员会（1977 年），主要成员是政府人员。1995 年《环境法案》发布后，国家公园委员会不再为政府部门中的一部分。此后国家公园委员会的成员由政府官员、业界代表和社会人员组成，通过选举的方式来确定具体的成员名单。每个公园设置国家公园管理局，负责具体事务。英格兰设置英格兰自然署，威尔士设置威尔士乡村委员会，苏格兰设置苏格兰自然遗产部监督和协助各个行政区域内国家公园事务。每个国家公园在不违反英国对国家公园的管理规章之下，自行商定管理办法，有着较高的自主性，体现英国尊重主权的原则。

除此之外，国家公园管理局还会与地方政府、旅游局、环保机构、其他非政府组织进行合作。在协同工作过程中，国家公园管理局扮演着利益相关者的协调角色。国家公园管理局主要成员包括管理局成员、雇员和志愿者，主要负责规划、行政、护林、户外工作等。国家公园管理局成员至少每季度召开一次会议来讨论相关事宜，以更好地进行资源分配和工作调度。国家公园土地所有权大部分为信托机构和居民私有，管理局与土地所有者合作进行国家公园文化景观和自然景观的保护和发展。日本和韩国也采用这种协作共治模式。

（二）典型案例——英国哈德良长城

1. 哈德良长城简介

罗马皇帝哈德良统治期间，罗马帝国过度扩张，帝国疆土广大，面临很多潜在威胁。哈德良皇帝改变对外扩张的国策，争取广泛和平。122年，哈德良为防御北部民族的反攻，保卫已经占领的英格兰，下令筑建防御工事。哈德良长城东起沃胜德（位于纽卡斯尔泰纳河边），西至苏尔威湾的波尼斯，横跨东西海岸，穿越了两个区——纽卡斯尔和卡莱尔城区、诺森布里亚和卡布里亚。全长118公里，位于英格兰北部，是古罗马帝国军事政治战略和智慧的重要载体。哈德良长城由城墙及里堡、塔楼、瞭望塔、城堡、壁垒及道路等附属设施，城墙内的道路、要塞、军营和居民区等支持设施组成[4]。联合国教科文组织认为哈德良长城是罗马时代戍边系统的典范，哈德良长城于1987年入选《世界遗产名录》。

2. 历史变迁及保护历程

在哈德良长城的保护历程中，政府发挥着重要作用。如表8-2所示，哈德良长城的保护工作最早开始于19世纪80年代，1987年哈德良长城申遗成功。接着政府不断编制法律、规划项目来将保护工作向纵深开展。除了立法保护外，还不断拓展哈德良长城保护的资金来源。

表8-2　哈德良长城历史变迁及保护历程

时间	内容
19世纪80年代	开始展开保护工作
1928年	出台《古迹与考古地区法》保护
1987年	哈德良长城列入《世界遗产名录》
2005年	增加上日耳曼—雷蒂安边墙
2008年	增加苏格兰的安东尼长城
2002—2008年	《哈德良长城管理规划2002—2007》项目开展，开展了航空摄影测绘

3. 协作共治管理模式

哈德良长城跨越众多行政区，面临不同的地貌特征和自然条件，需要政府进行统一调度。但哈德良长城的所有权构成较为复杂，其中90%是私人地产，政府可以进行保护和利用的产权仅占10%，对哈德良长城的保护提出了新要求。另外，哈德良长城的保护和利用涉及多元主体的利益，包括国际组织、政府和社区等。不同的自然环境、跨越行政区划和复杂的产权结构和利益构成给哈德良长城的管理带来更加严峻的挑战。

英国采取自上而下和自下而上相结合的制度，即政府与地方社区协作共治。多个产权主体和利益主体一同成立哈德良长城管理规划委员会，对哈德良长城保护和日常管理事宜召开会议，展开讨论、建档、制定规划，并对正在进行的工作展开有效监督。委员会每五年编制一次管理规划，规定保护相关自然和人文景观、发展促进哈德良长城保护的农牧业体系，旅游和经济发展方式等。委员会在编制相关规划和推进相关项目之前需要向利益相关者采纳意见，并充分考虑其意见。还要广泛促进公众参与，鼓励公众向委员会反映问题，对一些规划、制度进行社会公示，广泛听取民生民意。

第二节　黄河国家文化公园的管理体制

黄河国家文化公园在分布上小集中、大分散、散点化，总体上为带状分布。黄河下游居民分布众多，人口密集，城市、社区、商业区相互重叠。而且地域上不连续，跨省、跨市，行政管理主体多级多层，较难形成统一的管理主体和统筹协调机制，跨省协调具有一定难度。

目前沿黄九省（自治区）均成立了黄河国家文化公园建设领导小组，但由于机构设置和执行力量方面存在差异，各省份行动步调不一致。甘肃省、宁夏回族自治区、内蒙古自治区、陕西省、山西省、河南省、山东省宣传部部长任工作领导小组组长，山西省以副省长任组长，青海省、四川省采用双组长制，副省长和宣传部部长共同担任领导小组组长。青海省、内蒙古自治区、山东省、陕西省办公室所在单位和主任所在单位均设置在文旅厅，甘肃省设置在宣传部，宁夏回族自治区、河南省、山西省、四川省办公室和主任所在单位不在同一处，存在多头管理现象，牵头单位不统一。

领导小组和办公室设置具有较强的临时性，工作执行力度欠缺，社会参与性不足。管理机构内人员临时抽调，还需要兼顾原有工作，工作量大，人员流动率高。各省份的工作还停留在制定规划阶段，管理机制体制的建立是一个复杂的系统工程，其中资金保障问题首当其冲，资金从何而来，如何用的问题值得深思。就黄河国家文化公园管理体制建设提出如下五点建议。

一、流域协同管理机制

黄河国家文化公园要统筹九省（自治区）自然资源、文化资源，树立黄河整体形象。国家层面成立黄河国家文化公园管理机构，统领黄河流域国家文化公园建设工作。各省（自治区）、各市成立地方黄河国家文化公园管理委员会，建立地方黄河国家文化公园规划建设机制。地方在黄河国家文化公园空间规划、发展重点、整体形象等方面具有自主权，国家层面管理机构主要负责宏观调控。各省黄河国家文化公园规划建设应体现区域文化特色，打造具有独特标识的黄河旅游文化带。定期举行各省牵头合作交流会议，实现流域内横向的沟通，各省内部实施垂直管理模式。

二、属地自主自治制度

在对目的地进行旅游开发的过程中常会出现多头管理的问题。为了避免利益冲突掣肘管理效率问题，各地区成立的黄河国家文化管理局应该被赋予高度的自主权。按照属地管理原则，加强与社区居民、科研机构、专家学者、文物保护单位等的合作，专注属地内国家文化公园项目管理、规划建设、日常事务等工作。各地区黄河国家文化公园直接对中央最高国家公园管理机构负责，地方政府不得干预其开展工作。

三、强化社区参与机制

根据各国国家公园建设经验，社会居民参与的重要性不言而喻。社区居民可以为黄河国家文化公园提供经济价值，也为留存原生文化贡献力量。黄河跨越九省（自治区），不同地域的社区就有迥异的风貌。进行黄河国家文化公园建设不需要将原有社群全部迁出，而是要动员原生社区居民主动参与到文化风貌保护中，为文化资源的活态保护与传承贡献力量。

四、文化人才培养机制

文化遗产的保护和传承还是要归结到“人”上，由于文化遗产类型多样，文化遗产保护人才需要具有复合型特点。意大利的高校设有文物保护和修复专业，专业知识涉及历史、考古、物理、化学、生物、艺术诸多领域。我国高校的相关专业较少，而物质文化遗产和非物质文化遗产体系庞杂，对具有交叉学科知识背景人才的需要迫切。因此，我国应该强化人才培养机制，丰富文化遗产，保护人才培养模式，应该注重文化遗产保护人才多学科知识以及工匠精神培养。工匠精神直接体现为执着专注、精益求精，是文化遗产保护工作实践中的自我要求和标准，直接影响文化遗产保护工作效果。

五、建设文化遗产保护法治体系

意大利将文化遗产保护写入宪法，修订完整的文化遗产保护法律体系，这正是我国文化遗产保护工作中欠缺的部分。相关法律约束层级低，没有上升到国家层面进行系统、整体的界定。黄河国家文化公园管理体制建设，一个重点领域就是文化遗产法治体系建设。建立一套完整的法律体系，精准打击盗挖、文物走私等犯罪，加大破坏文化遗产行为的惩罚力度。依托大数据进行文物数据库建设，为打击文物犯罪提供信息支持。明确权责，建立统一协调的执法机制，加强执法能力建设。

第三节　黄河国家文化公园的经营机制

目前，黄河国家文化公园缺乏一部统领性法律文件进行经营活动的规范和指导，主要以省级为单位进行试点规划建设工作，地方权限不明确，缺乏各部门利益协调机制。尤其在跨省事务处理方面，地方管辖权力受限。由于缺乏相应法律界定，各单位在执行过程中缺乏相关管理准则，执行效率大打折扣。根据已有国家公园建设情况，在经营过程中容易出现违背建设目标和初心的问题，将受益作为追求的目标，忽视黄河国家文化公园的自然资源、文化资源保护，损害社区公益性。在发展商业合作过程中，经营管理中的“裙带问题”不可避免，政府审批项目过程的公平、公正、公开、透明亟须得到保障。缺乏专业化运营团队，考核和奖惩机制有待健全。对入驻合作伙伴缺乏有效监管，难以确保真正发挥其教育、游憩等功能，对相关合作伙伴确定选择标准，合作过程中进行合理淘汰。黄河国家文化公园运营过程中涉及政府、景区、企业、社区群众等主体，各方主体之间利益分配有待协调。

一、自然资源保护与利用

贯彻“重在保护、要在治理”的理念，根植于沿黄各省（自治区）独特的区位特征，进行黄河流域生态保护和发展工作，推进工作获取高质量成果。展开自然资源调研，了解自然资源保护和利用现状，为自然资源利用奠定基础。坚持生态文明理念的同时推进一批重大工程建设：建设生态廊道，为来访者提供自然休憩空间；建设湿地公园群，利用湿地资源的同时发挥其涵养水源的生态功能；开展黄河绿化行动，加快建设森林绕城，构筑生态屏障；对黄河流域水土流失进行综合治理，打造更加宜居的环境。在黄河国家文化公园规划建设过程中秉承尊重自然、绿水青山就是金山银山理念，编制黄河流域国土空间规划，合理利用土地资源。

二、文化资源保护与利用

在黄河流域开展文化资源普查，普查相关、重要、稀缺黄河文化资源，进行文化资源分类。根据普查结果将文化资源分成重点保护、一般保护和开发利用等类别，根据具体情况开展相关工作。重点文化资源纳入文物保护单位进行保护，对于其中濒危文化资源进行修复和再现。融合技术、人才、资本等要素，利用数字技术进行文化资源虚拟成像，促进文化资源可视化，发展演艺事业，为观众提供娱乐服务。发展文化产业，开发文化创意产品，形成黄河独具特色的文化创意体系。坚持文化创新理念和艺术情怀，打造黄河文化品牌，促进文化产业与旅游、康养等产业融合发展。

三、公共服务与教育功能

从文化事业角度来看，黄河国家文化公园建设是具有社会效益的文化项目。为充分发挥黄河国家文化公园的社会效益，须充分利用相关政策和资金支持，建设公共文化服务设施，发展各种艺术活动。国家文化公园不单纯是“自然景点”，更是生动的教育素材。在黄河国家文化公园建设过程中不仅要突出自然景观建设，更要建设人文景观，发挥黄河国家文化公园的教育功能。在著名水利工程开展研学旅游，借助黄河国家文化公园进行历史文化传承和国情教育。

四、信息资源建设

进行黄河国家文化公园各类场景数据采集，将自然资源、文化资源、景区数据、用户数据等储存在统一的云平台中，建立黄河国家文化公园数据中心。黄河国家文化公园信息平台与物联网、大数据、云技术、地理信息系统、红外相机、监控设备等结合，实现黄河国家文化公园实时动态自然资源监控、风险监控、环境监控、森林防火等。通过信息云服务，提高信息采集和利用效率，提供线上营销、智慧导览等服务。将线上平台产生的交易信息和用户信息进行分析，对当前业务发展状况进行洞悉，为黄河国家文化公园市场化运营提供营销和决策依据。收集整理元数据，统一数据标准，促进各省信息数据共享。

五、伙伴关系和公民参与

黄河国家文化公园在运营中可以向国际上其他国家公园借鉴经验，发展伙伴关系。就某个专项问题展开研讨会，进行人员之间互换交流，借鉴他国国家公园在公民参与、运营、立法、资金、管理、商业发展、生态保护等方面的具体措施，学习他国建立文化资源保护分类体系、国家公园管理层级体系，以及扩大公众参与的经验。同时也要倡导全民参与到黄河国家文化公园的规划建设中来，通过调动公众在文化资源保护方面的积极参与度，使其主动加入黄河国家文化公园的规划建设中来，行使自身所拥有的知情权和监督权。吸纳来自五湖四海的公众参与到黄河国家文化公园规划建设志愿者队伍中。不同地域、兴趣、民族、年龄、职业、文化的志愿者将以不同的视角、理念参与到黄河国家文化公园建设当中。扩大黄河国家文化公园的公众参与，既是回应公众对黄河国家文化公园的热情关注，也充分发挥黄河国家文化公园的文化引领作用。

六、商务服务与合作

在黄河国家文化公园各个景点内提供娱乐服务，设置 VR 体验等小型常规娱乐设施，大型主体演绎活动。与知名品牌或者潮牌开展联名，吸引社会企业入驻，与相关企业展开商业合作。对相关服务人员进行培训，为消费者提供良好的服务态度和娴熟的服务技能。丰富黄河国家文化公园中服务项目，完善相关设施，优化服务环境。在黄河国家文化公园中提供购物服务，了解消费者消费动机和消费心理，开发体现黄河国家公园特色的商品，满足消费者消费需求。

七、产业融合发展

黄河国家文化公园在运营中应该成为文化产业与旅游产业融合发展的示范

区，对自然资源和文化资源进行开发利用，发展旅游产业，传播优秀传统文化。建设一批体现黄河文化的博物馆、档案馆、文化创意中心、研学中心、文化创意产业园等。将黄河国家文化公园打造成黄河文化展示和交流的载体，对黄河文化进行大众喜闻乐见的解说。不仅将文物进行展示和陈列，更要以国家化视野挖掘文物背后的故事，将各个故事串联成黄河民俗故事体系。改变传统观看的游览方式，借助 AR 虚拟再现场景，调动多感官深度体验，活态展示非物质文化遗产。提炼文化符号和核心 IP，追忆黄河根魂文化，传承中华文化基因。打造集文化遗产保护、科研、教育、观光休憩、文化创意于一体的产业融合综合体。展示中华文化主题特征，促进文化成果共享。

将黄河国家文化公园作为一个开放的整体进行运营，首先梳理整体形象，对黄河沿线九省（自治区）的品牌形象、文化标志、服务标准、解说系统、基础设施、人员培训等方面进行统一。建立黄河国家文化公园经营系统，包括网络营销系统、虚拟博物馆在线浏览系统、公园解说系统、公园数据信息管理系统等。经营体系涉及资源、公共服务、教育功能、公园规划、信息、公民参与、人力资源、商业服务、产业融合等诸多方面。

参考文献

[1] 朱华晟，陈婉婧，任灵芝 . 美国国家公园的管理体制 [J]. 城市问题，2013（5）：90–95.

[2] 谢屹，李小勇，温亚利 . 德国国家公园建立和管理工作探析——以黑森州科勒瓦爱德森国家公园为例 [J]. 世界林业研究，2008（1）：72–75.

[3] 庄优波 . 德国国家公园体制若干特点研究 [J]. 中国园林，2014，30（8）：26–30.

[4] 杨丽霞 . 英国世界遗产地哈德良长城保护管理的启示——兼议大运河申遗及保护管理 [J]. 华中建筑，2010，28（3）：170–173.

第九章　黄河国家文化公园的利用机制

在黄河国家文化公园建成后的经营事务中要综合考虑自然资源、文化资源的保护和利用，教育功能和公共服务能力的有效发挥，数字化信息资源建设和管理，吸引合作伙伴和公众参与，发展商业服务模式，产业融合发展等一系列问题。黄河国家文化公园建设和开发过程都要秉承生态理念，促进开发和利用的可持续性。发展遗产旅游、促进文旅融合是开发利用的重要途径之一，转变传统旅游发展模式，创新黄河国家文化公园旅游利用模式具有重要意义。

第一节　国内经典案例

国内早于黄河国家文化公园建设的主要有三大国家文化公园——长城国家文化公园、长征国家文化公园、大运河国家文化公园。在长期建设探索之后，三大国家文化公园在利用机制方面都形成了自身特色，以下将详细梳理三大国家文化公园。

一、大运河国家文化公园利用机制

中国大运河是世界上开凿时间最早、规模最大的人工运河，在经历几千年的发展与演变后，具有丰富的历史文化内涵和文化元素。在大运河遗产的保护与利用道路上，摸索出了适合大运河自身特点的一套保护与利用机制——“一总多分”。通过分析中国大运河国家文化公园的保护与利用的发展过程，来为我国的文化遗产提供相关经验借鉴。

（一）文化遗产资源概况和保护现状

作为世界上开凿最早、沿用时间最久、长度最长的人工运河，中国大运河全长达 3200 公里，经历了两千多年的演变和发展。“中国大运河”这一名词概念是因申报世界遗产而提出的。它一共包括三个河段，分别是始凿于公元 486 年，以洛阳为中心，北起涿郡南至杭州的隋唐大运河、于元代裁弯取直的京杭大运河（又称元明清大运河）和起于杭州止于宁波的浙东运河。此外，海河、黄河、淮河、长江、钱塘江这五大水系被中国大运河自北向南沟通。

中国大运河的构成要素主要有保障其正常运行的工程遗存、配套设施和管理设施遗存、与其文化意义有着密切联结的相关古建筑群三大部分。中国大运河的遗产要素一共有 85 个，按照类型不同进行划分可将其分为运河水工遗存、运河附属遗存、运河相关遗产以及综合遗存这四大类。

从中国大运河的总体现状来看，现存的中国大运河遗产从春秋时期至清代的历史格局基本完整，遗产现状保持良好，这得益于大运河的遗产各个组成部分之间在功能上仍有着实质性联系这一特点。具体来说，京杭大运河（北起北京，南至杭州）这一河段的河道和遗址保存基本完整；通济渠一线（从洛阳到淮安），现河道仍存有 1/3，其他遗址呈点状分布；各遗产点的各类遗产都得到了较好的保护。此外，中国大运河是作为活态遗产而存在的，其部分河道仍然在当下航运和水利中发挥着重要作用，如京杭大运河助力北煤南运工程；其他许多河段也主要发挥着输水、灌溉等功能，如苏北运河和南水北调东线江苏段输水河道基本重合。

（二）文化遗产保护利用历程

中华人民共和国成立后，政府开始对古老的大运河启动部分恢复和扩建工作，其中包括了江阴船闸和杨柳青、宿迁千吨级船闸的建设。1959 年后，为南水北调工程对徐州至长江段 400 余公里的运河河段进行了重点扩建。在这次扩建工程中也扩大了沿岸灌溉面积和排涝面积，在配合南水北调工程的同时也保障了人民群众的生命财产安全。

在2004年3月召开的全国政协十届二次会议上，在时任国家文物局局长单霁翔的倡导和邀请下，樊锦诗、安家瑶等7位政协委员联名，提交了《关于大运河文化遗产保护亟待加强的提案》，正式提出了“大运河申遗”。此后，经过国内各界人士的呼吁和倡导，于2006年全国两会上，以全国政协委员、全国政协文史委副主任刘枫为代表，共58名全国政协委员草拟了一份影响深远的“大运河申遗提案”。同年，国家文物局将京杭大运河公布为全国重点文物保护单位，并将其列入《中国世界文化遗产预备名单》。至此正式开启了大运河的世界遗产申报进程。并于2009年将开启申遗进程的大运河正式确定为“中国大运河”。在经历了8年的准备阶段、保护规划制定阶段和冲刺阶段后，在第38届世界遗产大会（2014年6月22日）上宣布中国大运河被列入《世界遗产名录》。中国大运河成为中国第46个世界遗产项目。

此后，习近平总书记多次强调并作出指示，表明要保护好大运河。2019年2月，中办、国办印发《大运河文化保护传承利用规划纲要》，设立了中国大运河保护和发展的基本原则及其发展方向。2019年7月，在中央全面深化改革委员会会议上审议通过了《长城、大运河、长征国家文化公园建设方案》，确定了国家文化公园未来的发展建设大纲和未来发展成果目标。在“十四五”时期，国家发展改革委和相关部门共同编制了《大运河文化保护传承利用“十四五”实施方案》，在此实施方案中更加具体地表明了中国大运河未来的发展成果目标，明确了关于四个方面的47项具体任务，以及进一步明确了重点推进项目及任务清单。

（三）保护和利用相协调

1. 建立保护和利用工作框架

在国际层面，总体来看对于大运河遗产的保护利用框架是以联合国教科文组织的公约为主体，同时也受到其他宪章、宣言和法规文件的约束。国际上对于世界范围内的文化遗产保护与利用开始于《保护世界文化和自然遗产公约》的颁布，具体对于文化线路的保护开始于2003年UNESCO所颁布的《实施世界遗产公约操作指南》，2005 年大运河遗产加入其中。后续陆续出台、发布多个保护文件，为大运河遗址的保护提供了多方面的指导。

同时，在其他运河遗产保护利用经验借鉴方面，同为世界文化遗产的法国米迪运河在其开发与保护上值得学习。一方面，通过构建完善的法律法规保护体系使得在实践保护过程中有章可循，通过对各个层级做出相适宜的保护要求来确保保护工作全面到位，通过设立专门的监管机构来对与运河相关法律的实施进行监督。另一方面，将运河开发与邻近旅游点发展并行。

在国内，坚持“一总多分”保护利用原则，陆续颁布一系列的法律法规来对大运河遗产进行保护。大运河河道、沿线受到水利管理部门管理的同时还接受了沿线各省市的河湖保护管理条例、水利工程管理条例等地方法规的保护。同时，社会层面的组织如商会也参与了中国大运河的保护与利用工作，扮演了监督监测的角色。

2. 建设遗产监测保护预警系统

作为世界上连续使用时间最长、空间跨度最大的运河，中国大运河其独特的遗产特点给监测管理工作带来了极大的难度。这促使大运河保护者必须要结合使用现代科学技术来对其开展合理有效的监测和建立完善的遗产监测预警系统。中国大运河整体监测管理体系的特点是“一总多分”，具体表现在：通过建立“一总多分”的技术体系和“两级平台、三级管理”的工作架构来满足“国家—省—市（遗产区）”三级管理层级所带来的管理需求。为了满足巨型线性遗产的监测预警需求，其系统的建设采用了“试点先行、先点后面、整体覆盖”这一模式。首先选择的是扬州作为大运河遗产监测工作的试点城市，经过两年多的建设，中国大运河遗产监测预警的通用型平台在扬州段的遗产监测预警系统成功建成的基础上开发成功，并投入使用。此后多年间，大运河遗产监测预警系统得到逐步完善，在中国大运河遗产保护工作中起到了举足轻重的作用。

（四）活化利用相关机制

1. 充分发挥水利与航运功能

中国大运河水工遗存由包括在用和废弃的河道和河道遗址、湖泊和水工设施三部分组成，一共 63 处。中国大运河其主要的核心与主体依旧是水利工程，多年来都在水利与航运方面发挥了重要作用。

在水利方面，大运河至今依旧发挥着重要的农业灌溉和防洪排涝水利作用。已建成的江都水利枢纽工程和多个大运河上的配套工程，既能在南水北调工程中将江水北调至陇海铁路沿线，也能在江淮地区暴雨形成洪涝时将洪水排涝至江，充分保障了下河地区农田的稳产丰收。在航运方面，中国大运河中的京杭大运河河段连接着中国五大水系，不管是南水北调、北煤南运等大型战略工程，还是沿线各省市之间的商业沟通交流，中国大运河都是其中不可或缺的一个环节。如在京杭大运河济宁以南至杭州河段，建成了多个通航梯级。

作为大运河上唯一的综合遗存，在历史上，清口枢纽（位于江苏省淮安市）原是黄河、淮河和中国大运河三条河流的交汇处，有着多处河道和水工设施，且在其区域内分布着多处古建筑群或遗迹。作为大运河上最具科技含量的枢纽工程之一，清口枢纽体现了在人类农业文明时期东方水利水运工程技术的最高水平，被誉为人类水利水运技术整体的杰出范例。

2. 文化助力乡村振兴和传承教育

中国大运河不仅是世界文化遗产，也是当今运河沿线城乡均衡发展价值带。在大运河文化的保护和传承利用中，以大运河文化作为思想主轴，将运河沿线的城镇乡村纳入一个系统中，发动各行各业协同发力，以实现共建共享。另外，借助当下热门数字技术，通过线上线下的形式来创新教育模式，带动大运河文化走进校园、走进课堂，同时也推动了大运河文化研学教育的发展。

运河文化助力沿线乡村振兴。大运河从北到南绵延千里，受时空的影响，运河文化构成复杂而多元。将运河文化与各沿线的地方文化相结合，因地制宜，以此推动运河沿线乡村振兴和城镇发展。位于杭州市余杭区的塘栖镇最出名的就是它的运河建筑——“美人靠”。塘栖古镇通过将其打造成“没有围墙的运河博物馆”来对运河古镇建筑特色进行保护，同时也为古镇吸引来了一批慕名而来的参观者。在保护了运河建筑特色的同时，也带动了当地的经济发展。

构建大运河文化教育带。通过借助虚拟现实技术来打造大运河文化 VR 教育研学精品线路；发展研学旅游，推动大运河文化的研学教育；举办一系列以大运河文化为核心的文艺、节事、展览等活动，来向世界和中国讲述大运河的故事，传承发扬大运河文化。

3. 推动运河旅游发展

中国大运河旅游的发展主要依托于运河本身及其沿线与运河相关的自然风光和文化古迹，这些也是运河文化的典型代表。中国大运河的旅游价值来源于由几千年历程所积累下来的众多文化因素与深厚历史文化内涵。大运河的旅游发展也经历了多个阶段。

（1）旅游起步阶段。在改革开放后的国家旅游起步阶段中，大运河旅游业也随之拉开帷幕。大运河旅游的诞生标志是 1981 年苏州至扬州运河旅游专线的开通。随后的 1985 年，长江三角洲被开辟为沿海经济开放区，长江三角洲区域内的运河城市成了活跃的旅游中心。但是大运河旅游事业的主导方多半为国有企业，这就导致运河旅游对于市场反应时间较慢。且大运河早期旅游发展区域主要集中于古运河河段，旅游辐射范围较为局限。

（2）市场调整阶段。20 世纪 90 年代以后，随着国内旅游大规模激增，大运河旅游发展也到达了一个新的阶段。在此阶段，大运河的旅游发展主要呈现两个趋势：一是较早一批运河城市开始着手调整自己的旅游市场经营战略和提供服务产品的形式，在原本发展基础上，发展“古运河”之旅；二是大运河其他沿线城市加入大运河旅游发展行列，增加新鲜“血液”。在这一阶段，大运河旅游发展主要体现了三个特点：功能的分离——运河水上旅游与水上客运分离；旅游发展由“点、线、面”向区域融合发展；重视旅游开发的科学性。

（3）全线升温阶段。在这一阶段随着国家城镇化进程的快速推进，运河沿线的旅游城市各方面功能、设备等都得到了全面的升级、改造与调整。在这一过程中，对大运河的功能进行了调整和拓展，赋予了大运河更多的新生功能，如生活功能和旅游功能；同时对大运河的资源也进行了再开发，极大地发展了旅游资源。在大运河空间上，逐渐呈现了游憩化的发展趋势，多种游憩空间不断出现，极大丰富了大运河的旅游内涵。此外，对其运河文化资源也逐渐重视。在对运河历史文化进行抢救性挖掘和保护后，其与运河旅游发展结合得更加完美。

（4）整体申遗阶段。在世界文化遗产申遗项目的推动下，大运河的旅游发展理念得到升华与发展——从“风光带”到“遗产廊道”，也首次在国家层面上将大运河作为文化遗产廊道、生态廊道、游憩廊道进行整合研究，填补了大运河现状研究的空白。这些研究对大运河旅游发展具有较强的指导作用。

（5）后申遗阶段。自 2014 年中国大运河申遗成功后，大运河的旅游发展进入了一个全新的阶段。就其总体而言，大运河旅游发展仍具有很大的发展潜力与空间。在文旅融合的旅游发展大背景下，大运河的旅游发展将充分利用和结合其丰富的历史文化元素。

二、长征国家文化公园利用机制

长征是人类历史上的伟大壮举，中国共产党人和红军战士用生命和热血铸就了伟大长征，谱写了壮丽史诗，具有伟大的历史意义和穿越时空的价值。长征沿线保存的历史遗迹和文化资源种类多样、数量繁多，这些资源见证了存续下的星星之火燎原的伟大历程；是弘扬爱国主义精神，振奋民族精神和增强国家凝聚力的鲜活载体，是具有重大意义的红色旅游资源；有利于弘扬红色文化，传承红色基因，具有深远的文化意义。长征国家公园的建设时间与黄河国家公园建设时间相似，其管理模式及制度政策对于黄河国家公园的建设具有一定的借鉴意义。

（一）长征国家文化公园资源概况

1934 年 10 月到 1936 年 10 月，中国工农红军从东南到西南，再从西南到西北，足迹遍布丘陵、峡谷、高原，在复杂多变的地理单元间反复转移，进行了艰苦卓绝的万里行军。据统计，红军长征翻越了18座高山（有5座为常披雪被的皑皑雪山），横渡了24条河流，通过了我国面积最大的高原泥岩沼泽区——若尔盖湿地，最终在陕甘宁地区胜利会师，由此开启了中国革命的新阶段。

长征国家文化公园以工农红军长征战略转移的范围为基础展开建设，建设重点是贵州段、江西段、福建段、陕西段和甘肃段这五段。长征国家文化公园以“保护优先，强化传承”“总体设计，统策规划”“因地制宜，分类指导”等为建设原则，并提出“实施文物和文化资源保护传承利用协调推进基础工程”，因地制宜展开，有利于对长征沿线文物和文化遗产的保护和利用。

（二）长征国家文化公园的保护历程

2017年中共中央办公厅、国务院办公厅印发了《国家“十三五”时期文化发展改革规划纲要》，初步提出建设国家文化公园，加强对重大历史文化遗产的保护。2019年7月，中央通过了《长城、大运河、长征国家文化公园建设方案》，结合国家空间国土规划，优先保护传统文化生态，同时适度发展特色旅游，建设三处国家文化公园。2020年10月，国家“十四五”规划和2035年远景目标纲要明确提出我国需要对自然遗产和非物质文化遗产进行系统性的保护，进一步挖掘长城、大运河、长征、黄河等的深刻文化，将建设国家文化公园体制国家战略地位。

未来，我国将分三个阶段进行长征国家文化公园的建设，建设目标与国家整体战略保持一致。一是到2021年，确保长征国家文化公园保护管理机制的初步建立，推进完成规划部署的重点任务、重大工程、重要项目，与此同时，启动一批建党百年标志性项目。二是到2023年，使长征文物和文化资源保护传承利用愈加同现代社会发展相适应、同人们生产生活相协调，统筹协调推进局面初步形成，权责明确、运营高效、监督规范的管理模式粗具雏形，长征国家文化公园功能更完备、形象更鲜明、品牌更知名。三是到2035年，全面形成体现国家意志、反映国家水准、代表国家形象、享有国际美誉的长征国家文化公园保护展示传承体系，成为新时代文物和文化资源保护传承利用中国方案的典范，强力助推社会主义文化强国建设[1]。

（三）长征国家文化公园的利用机制

“公园”作为休憩娱乐为主的场所存在于大众的认知里，而长征国家文化公园不仅是休闲旅游的场所，更是国家发展战略的体现，长征国家公园的形象与国家形象紧密相连，发挥着彰显文化自信、弘扬长征精神、续写红色基因的重要作用，长征国家文化公园的建设是我国重大文化工程，更是重大政治工程和党建工程。经过党和政府以及地方的不懈探索，长征国家文化公园的利用机制已经初步形成。

1. 保护和利用相互促进

我国人口众多、资源有限，在发展建设的同时必须时时关注对自然环境、生态系统的保护，保证国家生态安全屏障。《长征国家文化公园建设保护规划》将“保护好长征文物、讲好长征故事、传承好长征精神、利用好长征资源、带动好长征沿线发展”作为规划建设的总目标，相关部门在此总体规划下为保护和传承长征文化公园沿线的文化工程开展了以下实践尝试：一是对长征文物重新统计，完善文物名录，增强遗址遗迹调查、评估和定级等工作。二是实施长征文化线路整体保护工程，制定重大文物修缮清单并进行修缮，尽量还原长征沿线风貌景观，严防不当建设对周边的破坏。三是强化长征文物集中连片保护，鼓励地方保护长征沿线文物，评选文物保护示范县。四是修建烈士纪念设施、国防纪念馆等场馆，提高对长征沿线文物的利用水平。五是推进长征全程沉浸式文化体验建设，推动“重走长征路”建设。以上举措利于文物价值的评估和统计，利于场馆的修缮和利用，对于长征沿线文物、遗迹的保护有重要作用。

近些年，很多地区对于长征国家文化公园沿线的文物保护和利用进行了探索性尝试，已经取得阶段性成果。以标语和宣传画保护为例，从 2016 年开始，江西省成立了红色标语保护工作推进小组，出台了关于保护和利用标语的政策文件，并以于都县、瑞金市等 8 个县市为试点展开保护和利用工作。最终统计出红色标语共计 10748 条，利用加固修复技术方法进行修缮和保护，2019

年“于都县红军标语保护与利用”被评为“全国革命文物保护利用优秀案例”。福建省宁化县对当地发现的20余条红军标语和10余幅宣传画进行了保护，其中包括内容生动、落款清晰的宣传画，历史价值极高。

2. 重视有形遗产和无形遗产

长征沿线遗迹遗址资源具有与当地居民生产生活空间重叠的特点，长征战士生活过、行进过的地方，就现状来看，大多也是当地居民生活的地方，红军长征开会、活动等场所如今是居民居住地、商会等。毛泽东曾说：“长征是宣言书、是宣传队、是播种机。”红军的经过，给当地居民留下了丰厚的精神财富，长征精神早已融入当地居民的生产生活当中。长征国家文化公园的建设不仅重视有形文化遗产的修缮与整理，重视对有形遗址遗迹的保护，还重视对于无形文化遗产——长征精神的传承和体验。如对长征故事、长征传说的收集整理，对留存下来的长征民谣、小调等艺术作品的保护和开发，对长征沿线村落的村风、居民家风的宣传等，对无形文化遗产的保护利于传承长征精神，增强我国文化自信和国家凝聚力[2]。

3. 分段式开发利用

长征线路有线性的特点，且涉及范围广，其沿线包括15个省（区、市），共计72个市（州）381个县（市、区），资源禀赋和管理保护的需求具有差异性，长征国家文化公园的建设根据每个省份、地区的资源特点，因地制宜规划开发，整体开发和重点开发相结合。长征国家文化公园的建设将长征沿线单体的红色文物和文化资源与地方性文化一起纳入拥有统一主题的国家文化公园体系之中，实现公园内部文化相互关联且与整体主题保持一致，进行跨越时空的保护和传承，有效解决了线性保护文化遗产中遇到的问题，为遗产保护探索出具有中国特色的管理模式。

文化和旅游部启动编制长征文化和旅游融合发展专项规划，规划以“重走长征路”为主题的红色旅游专线，此外，还设计了突围之旅、转折之旅、出奇之旅、团结之旅、挑战之旅、卓绝之旅、曙光之旅、会师之旅8条专题线路。长征沿线15个省份根据本地资源特色，打造在满足长征国家文化公园整体建设框架要求的基础上，又具有当地特色的长征文化活动。例如，贵州坚持轻资产、重内容、新方式建设思路，注重差异化，形成了分层分类分期规划建设体系；福建采取了对全省长征文物文化资源进行全面普查以及对各类资源进行立体化呈现的方式。在各类资源中的文化符号和视觉元素进行有效提炼的基础上，组织拍摄相关影视作品来充分反映长征福建段所具有的文化特质；甘肃有大量红军长征途经时留下的宣传标语，现有483处不可移动、12536件可移动革命文物。甘肃通过对红军长征途中体现“军民鱼水情”的相关故事进行深刻挖掘，来展现党的“为民”本色，同时在长征国家文化公园设计建设理念中充分体现出“老百姓把共产党看成是自家的党，是老百姓的党”；江西则是在项目建设上着重围绕“道、馆、址、园、院、品、神、遗”这几个方面来推进发展，根据市、县资源情况建成长征步道、“十送红军”体验园、“红色后龚”中央红军总部旧址群提升项目、游客服务中心、红军食堂等。

三、长城国家文化公园利用机制

中国长城作为世界上修建时间跨度最大、规模最大的古代军事防御工程，经历了几千年的修建与演变，见证了多民族矛盾、利益融合过程与中国社会的发展历程，具有丰富的历史文化内涵和极为重要的象征意义。在长城和相关遗产的保护与利用过程中，建立了符合长城地理分布和本身特点的一套保护与利用机制——“分级、分段”。通过分析长城国家文化公园的保护与利用的演变过程，来为黄河国家文化公园的保护与利用提供相关借鉴。

（一）资源概况和保护现状

作为世界文化遗产，无论是在中国还是世界上，长城都是延续修建最久、拥有最大工程量的一项古代军事防御工程。它是用一道高大坚固且延绵不断的墙体防御建筑来抵御外敌的入侵。长城是以城墙为主体，联合大量的城、障、亭、标建筑而成的一套防御体系。我国长城修筑历史悠久，始于西周，于春秋战国时期达到修筑高潮，随后多个朝代为抵御外敌入侵而修筑了长城，长城大规模的修筑终于明朝，明长城也是当今长城的主要组成部分。

就地域分布而言，长城的资源主要分布于河北、北京、天津、内蒙古等15个省区市，其中内蒙古是长城资源的分布大区，其区内长城的总长度达到了7570公里，占据了全国长城总长度的1/3。主要特点直接概括为：长度最长、朝代最多以及分布范围最广。就朝代分布而言，由文物和测绘部门对全国性长城资源的调查结果可知，明长城总长度为8851.8公里，秦汉及早期长城超过1万公里，总长超过2.1万公里。现存的长城文物本体包括了长城墙体、单体建筑、关堡、壕堑/界壕等各类遗存，总计4.3万余处（座/段）[3]。

从中国长城的总体现状来看，北京地区的长城保存最完好，此外北京长城的价值也是最为突出的，建筑工程相较于其他段长城而言也最为复杂。其中位于延庆的八达岭长城又为其中保护最好的一段。而最早召开全国长城保护工作会议的是内蒙古，首次针对长城的保护工作会议于1980年在呼和浩特顺利召开，从此拉开了全国保护长城的序幕。同时长城的保护工作也因地域而存在差别。像北京境内，如八达岭、居庸关等段长城因其作为景区闻名于世界，使得保护工作受到重视，但一些“野长城”因为无较高的经济效益，未得到相关部门的重视，也得不到完善的保护与管理。

（二）文化遗产保护利用历程

新中国长城保护维修工程开始于1952年，第一批维修的是居庸关、八达岭和山海关长城。几年后，国务院将北京八达岭、河北山海关以及甘肃嘉峪关列入了第一批全国重点文物保护单位。1980年内蒙古率先在呼和浩特召开了长城保护工作会议，至此拉开了全国保护长城的序幕。1987年12月，长城被列入《世界遗产名录》。

2005—2006年两年间，国务院先后批准颁布了《长城保护工程（2005—2014年）总体工作方案》和《长城保护条例》，进一步明确了未来十年间长城保护工作的总体方案，以及各级政府和有关部门的法定职责。同时，国家文物局也于2006年3月下发了《关于启动长城保护工程的通知》，树立了争取用十年左右的时间来实现总体工作方案确定的目标。在此后十年里，国家对长城保护研究工作主要经历了以下六个阶段。第一，组织调查。国家于2007年正式开始对长城资源进行系统调查。为了推动调查工作的进行以及保障调查资料的高质量，制定了《长城资源调查工作规程》《长城资源调查资料检查验收技术规定》等工作规范。在资源调查资料收集过程中，逐步建立起了由国家主导，跨部门合作，各地密切配合的有效的协调机制。第二，长城量测。中国文化遗产研究院在对长城资源调查成果进行整理录入的同时，协同相关测绘部门对各个时代的长城专题数据生产与长度量算工作。第三，重塑关山。在这个阶段，编写了全国《明长城资源调查报告》。第四，为长城“正名”。国家文物局启动了长城资源认定工作，中国文化遗产研究院于 2012 年完成《长城认定资源手册》的编制。第五，通过建设信息系统来实现信息化管理[4]。第六，推动相关理论研究的发展。

在此期间，国家文物局批复了多地对本地长城保护方案的报告。经国务院同意，文化和旅游部、国家文物局于 2019 年 1 月 22 日联合印发了《长城保护总体规划》。在此基础上，国家文物局于 2020 年研究确定了第一批国家级长城重要点段名单。2021 年，习近平总书记对国家文化公园建设做出了重要指示，国家文化公园建设工作领导小组印发了《长城国家文化公园建设保护规划》，为将长城国家文化公园打造为弘扬民族精神、传承中华文明的重要标志而努力。

（三）相关保护举措

1. 建立总体保护框架

对于长城的保护与利用，我国政府高度重视，且长期以来中央和各级地方政府都为长城的抢救维修、保护工作和管理利用投入了大量的人力、物力。在保护立法工作方面，针对长城的中央和地方相关工作的强度也在不断得到提升。中央部门先后颁布了《长城保护条例》《长城保护总体规划》，各地区也均颁布了地方性法规来保护长城。对长城的管理与保护工作的主要特点是“分级、分段”，这是由长城本身作为不可移动文物的特性以及依据文物保护管理政策的特点所决定的。作为不可移动文物，长城横跨了多个行政区域和管理层级，我国有着“分级负责、属地管理”的文物保护管理政策。2021 年陕西省率先在全国公布并实施了省级的长城保护总体规划，促进文物保护与经济社会协调发展。

在最新发布的《长城保护总体规划》中，对于长城的保护策略提出了“原址保护、原状保护”这一总体要求，以免出现过度修复。关于保护对象，《规划》也对其进行了明确——应当将秦汉长城和明长城作为保护的重点。同时，将长城的保护目标分为了近期、中期和远期目标任务，旨在于2035年前建成一批长城国家遗产线路。

2. 建立长城保护员机制

长城保护员这一机制是从河北省秦皇岛市最先建立的，通过发动长城沿线的群众，来保护备受人为和自然破坏威胁的万里长城。在三年试行后，这一制度取得了较好的成效，这一机制在15个省区市内得到了推广。2019年5月，北京首批长城保护员队伍成立，通过保护员们的工作，管理了跨越北京六个区、长达500多公里的长城，通过针对不同长城段的巡查频率、长城野游的科学管控等，建立了全覆盖且无盲区的长城遗产保护网络。

（四）利用相关机制

1. 以旅游为主要利用形式

就长城整体的旅游利用来看，对长城的旅游利用可以分为两大类：一类是直接围绕长城文化遗址本体所发生的接触性旅游活动；另一类是依托长城而在长城周边所开展的非接触性旅游活动。长城旅游利用的初级阶段，旅游活动主要为围绕长城本体而开展。中华人民共和国成立后，为了发展国内旅游，中国政府在对长城进行维修之后对外界开放。第一批设为旅游景区的是居庸关、八达岭和山海关长城，随后陆续维修开放了多段长城用于观光旅游。近年来，对长城旅游发展的利用已经不再仅仅停留于一般的旅游观光，相关部门开发了一系列的旅游专题项目，极大丰富了长城旅游产品，如长城赛跑、长城考察等。

随着国内旅游市场和行业的成长，对长城旅游资源的挖掘也得到了进一步的加深。长城除了本身的建筑遗址之外，其沿线还分布着数以千计的名胜古迹与名山大川，旅游资源极为丰富。人们在游览长城的同时，也可欣赏长城沿线的大好河山。现今长城已成为我国旅游业发展的支柱，像以往鲜为人知的老牛湾长城、青山关长城等多地段的长城在维修开发之后用于旅游参观。

长城文化遗产空间分布范围较广，跨越了15个省区市和404个县市区，对长城所实施的管理与保护机制是“分级、分段”。综合各个省区市对长城旅游发展利用的实际情况来看，可以得出长城旅游发展利用的趋势——将长城与当地其他旅游资源相结合，促进长城文旅融合。陕西榆林古城位于古长城脚下，当地通过将长城文化与古城、边塞文化与古城、古城文化与旅游相结合的方式来推动当地旅游发展、推动文旅融合。

此外，长城沿线有着极为丰富的红色旅游资源，在抗日战争时期，山海关至八达岭长城段是长城抗战的主要阵地，长城抗战也是国歌《义勇军进行曲》创作的重要源泉。长城国家文化公园中蕴含着红色精神，长城抗战也赋予了长城国家文化公园更为浓厚的红色文化内涵，推动了长城红色旅游的发展。现今，在长城沿线建成了多个全国爱国主义教育示范基地、红色旅游景区等。

2. 助力长城沿线乡村振兴发展

通过发展长城及长城沿线旅游，来带动周边乡村的振兴与发展。长城因其地理位置，多为山地或丘陵地区，可进入性较差，多为贫困地区。长城的旅游发展不仅仅依靠于长城本体，分布在长城沿线地区的村庄（社区）以及百姓们也是长城旅游资源的一部分。通过打造长城旅游带，解决可进入性问题，发展长城旅游与乡村旅游，带动沿线经济、社会、生态等多方面的发展。将依托于长城所发展的乡村旅游与政府精准扶贫同步开展，助力乡村振兴。

位于山西省繁峙县的韩庄长城，在发展长城旅游的同时，依托古长城及沿线旅游资源，在韩庄村发展了以“游览明长城，体验农家乐”为主题的农家乐活动。活动一经推出，吸引了许多周边自驾游游客与摄影爱好者前来游览体验。这一举措不但提升了当地乡村旅游和长城旅游的发展模式，丰富了旅游产品，也带动了当地经济发展，助力乡村振兴。

3. 推动文化自信建设[5]赋予多重象征

虽然长城从其客观构成来看，仅仅是一道和多座由黄土石头所堆砌的墙体与建筑，但是因其时间跨度较大，见证了我国封建社会形成发展的过程，凝聚了中华民族多元一体化国家历史形成的缩影，长城被赋予了全新而又浓厚的内涵——中华民族精神的象征与中华文明的显著标志。通过对长城国家文化公园进行高质量建设和多方利用的同时，也是在建设国民文化自信，弘扬中华民族精神。

此外，在长城国家文化公园的建设过程中，长城不断被赋予多重象征。如北京八达岭长城因自中华人民共和国成立以来，多次接待了外国国家元首、政府首脑，见证了新中国外交史上一桩桩重要特殊的历史事件，已经成为中国对外开放、和平友好的象征。

四、经验借鉴

在国家整体战略框架下，国家文化公园建设正如火如荼地展开。自 2019 年国家颁布《长城、大运河、长征国家文化公园建设方案》以来，大运河国家文化公园、长征国家文化公园和长城国家文化公园的建设已取得了阶段性成果。黄河国家文化公园虽与这些国家文化公园在地域特征、文化内涵等微观层面具有差异，但在国家战略导向、遗产保护等宏观方向上具有相似性。通过对已取得建设成果的国家文化公园的发展保护历程进行回望和分析，我们总结出了以下经验，对黄河国家文化公园建设有一定的借鉴意义。

（一）保护为主，以文化“串联”

大运河、长城和长征分别代表着漫长历史中的交通文化、边疆军事文化和革命文化，黄河与这三种文化交织重叠，是中华民族的根和魂。国家文化公园是国家文化的载体，融合国家信念，代表国家形象。黄河国家文化公园的建设需重视黄河流域文化遗产的保护，既包括有形遗产，也包括无形遗产。

1. 重视保护有形遗产

保护遗产遗迹，还原历史自然风貌，被作为每一处国家文化公园建设的重点任务进行。沿线遗址遗迹记录着历史，承载着记忆，承担着活化黄河文化的使命。长征、长城和大运河国家文化公园在对有形遗产遗迹保护方面均制定了专有政策、重新梳理统计现有遗产数目和种类、重新制定遗产价值评价标准并重新进行评价、挖掘新的物质遗产和修缮已有的遗产、鼓励地方进行专有保护，严格禁止违规建设等，以此来确保遗产所得到的保护为最大限度的。目前，在黄河国家文化公园建设中，对黄河文化遗产的界定尚且模糊不清，对黄河文化遗产的概念和内核认知不够全面，黄河流域物质文化是从古至今历史的串联，是一个复杂庞大的系统，故建设黄河国家文化公园，需进一步加强对黄河文化遗产内涵、价值和分类的明确。

2. 不可忽视对无形遗产的保护

黄河国家文化公园沿线无形文化遗产丰富。沿线有丰富的故事可讲，独特的乡风民俗可体验，“团结、务实、开拓、拼搏、奉献”的黄河精神已融于黄河沿线居民的血液中，通过其日常生产生活活动表现出来。重视对于黄河沿线无形文化遗产的利用，是对黄河精神的传承，可像长征国家文化公园一样，让有形实体遗产与无形遗产相互借力，相得益彰，提高参观和学习黄河国家文化公园的人们的思想认识，给体验者以真实的、鲜活的感性认识，增强黄河文化的现实可触感，让体验者加强对黄河文化的咀嚼、消化与记忆。例如，邀请参观者深入黄河沿线乡间小路，体会乡风民俗，感受最淳朴最真实的民生生活。或者树立独具特色的文化名片，以工作坊的形式来对非遗文化进行挖掘与利用，如民间唱腔、戏曲、舞蹈等。这对专业人员和普通爱好者具有一定吸引力，促使他们前来开展采风写生、进行文艺创作、拍摄制作纪录片等一系列活动，从而加入黄河国家文化公园的开发保护中来。沿线的政府部门或是民间团体也可以通过举办一系列文艺活动来促进文化体验与旅游经济相融合，如黄河文化节、黄河故事会。

（二）创新利用方式，增强文旅融合

黄河流域文化遗产种类繁多，保存完好，具有极高的文化价值。目前黄河流域未能充分利用其文化遗产，创造出有代表性的黄河文化品牌形象，存在系统开发程度较低和创新发展程度不高等问题。黄河文化遗产的保护和利用需从传统的点面保护观念转变，转向大型线性遗产利用保护方式。长城、长征和大运河国家文化公园对于文化遗产的保护也经历了由传统向现代保护方式的转变，逐步实现文化遗产的数字化、创新化、多元化发展，如扬州、无锡、苏州连续举办三届大运河文化旅游博览会，各地兴建数字博物馆等举措，让文化和旅游融合程度进入了新的阶段。在文旅融合建设方面，长征、长城和大运河国家文化公园的建设经验将为黄河国家文化公园提供一些借鉴经验，在此基础上进一步加深文旅融合的程度，打造黄河特色文旅品牌，唱响新时代的“黄河大合唱”。

1. 故事化发展

黄河流域流传着丰富且经典的民间故事，是深厚黄河文化的重要组成部分。书写灵动的黄河故事，演绎经典黄河艺术，是建设黄河国家文化公园的重要切入点。对黄河沿线城市历史悠久、内涵丰富、独具特色的文化资源进行深入挖掘，以黄河文化为中心，与孔子文化、渤海文化、红色文化等多类经典文化进行深层次的融合发展[1]，让黄河文化“活”起来，“动”起来，给经典黄河故事赋予新的时代价值和文化价值。保护沿黄村落、景观，保护黄河流域民风民俗，将传统生活遗址景观与现代生活场景相融合，还原历史风貌和生活场景，从经典传统黄河故事中提炼有价值、有意义的内容，塑造黄河国家文化公园品牌，打造具有代表性的经典故事和黄河形象。故事化发展可为黄河流域发展提供文化支撑，发挥黄河沿岸地域文脉相连的优势。

2. 科技化发展

运用大数据、物联网、空间地理信息集成等现代新兴科学技术，再结合创新创意元素，用反映黄河文化深刻精神内涵的旅游文化产品和旅游文化活动，打造“数字黄河”“智慧黄河”。5G 时代，大运河国家文化公园结合新兴技术，创造《中国大运河史诗图卷》，让大运河的历史风貌呈现在数字空间。河南卫视通过物理空间和网络空间的转化，创造出《唐宫夜宴》《祈》《龙门金刚》等优秀演艺作品，实现传统与现代的巧妙融合。黄河国家文化公园中的文化资源出现于特定的文化时空，有着各自独特而鲜明的时间脉络和空间形态，可对黄河文化资源进行适度的时空形态转化。如从时间的维度，进行昼夜之间的转化，不同季节之间的转化，日常与节日的转化等；或从空间的维度，进行室内与室外的转化，陆上、水上、空中的转化[2]。对黄河传统文化的图像、称谓、音视频等进行科技化演绎，创作出具有黄河特色、民族内涵、时代风貌的影视歌曲、动漫产品、舞台剧目、大型实景演出，将新技术的血液融入传统文化的生命中，推进科技对文化的保护、传承和弘扬。

3. 产业化

实现黄河文化与旅游、教育、产业和国际商贸结合形成特色产业，形成一体化的上下游景区和产业，促进黄河文化产业化发展。通过产业带动，为沿黄城市创造经济收入、实施保护措施，实现经济效益和社会效益。增强黄河文化国际影响力，加大力度帮助黄河文化走出去，在产业层面开展多方位国际文化交流与产业合作，搭建有助于黄河文化走出去、向外辐射和传播的平台。黄河文化全方位开展国际文化交流合作，联合举办大型黄河文化活动，如黄帝拜祖大典、公祭伏羲大典等[1]，增强黄河文化的国际影响力。通过开发特色精品旅游线路来体现黄河悠久历史文化、特有面貌、古镇古村等，拓展黄河文化对外传播渠道。

（三）统分结合，促进地区发展

1. 坚持“一盘棋”理念

国家文化公园有覆盖范围广、区域面积大、跨多省份、跨多地区的特点，但多区域增加了统一指挥、统一控制的难度，发展有着散乱、偏离主题的风险。从空间分布上看，黄河国家文化公园呈小集中、大分散、开放性、散点化、带状分布。从空间结构上看，黄河国家文化公园下游省份划定的区域内人口密集，具有不同职能的区域互相交叉重叠，难以区分其明确界限。在黄河国家文化公园建设和对黄河文化利用过程中，更需要上下游地区坚持“一盘棋”的发展理念，在战略指导的统一框架下进行建设。用统一的主题、概念连接起上下游呈线性的黄河文化和遗产，设计一致的黄河文化标识和主题概念，加深黄河国家文化公园在人们心中一致的形象。

2. 有所侧重，彰显地区优势

黄河流域“遗珠遍野”，各地区资源禀赋存在差异，侧重点也有所不同。甘肃省、河南省石窟资源丰富，山西省遗址资源繁多，陕西省墓葬资源规模大，保存完好，山东省水利工程资源数量繁多等。各地在完成国家文化公园建设的过程中，如过度一致地兴建展览馆、陈列馆等，会导致严重的同质化，造成负面效果。各省（自治区）、市、区域在中央的统一指挥下，因地制宜地开发各省特色，避免资源同质化或差异过大。统一执行政策法律、行业规范，形成系统性的基础设施规范、制定服务标准和业务培训标准等[3]。形成在黄河文化大主题框架下，具有本地特色的文化（遗址或考古）博物馆、研究和研学中心、文化体验中心（体验馆）等。实则需要有所侧重，因地制宜发展，彰显区域资源优势，形成地方特色，促进区域品牌形象建设，带动当地经济和就业，实现地区发展。

第二节　国外经验借鉴

国外国家公园建设时间比较久，经验比较成熟，在利用机制方面有很多值得借鉴的做法。以下将介绍美国、英国、法国、意大利在利用机制方面的经验。

一、美国

美国于1916年出台《国家公园局组织法》，1918年出台叫作《莱恩来信》的国家公园管理文件。标志着美国从法律和政策层面将国家公园作为“国家游乐场”利用和开发。《国家公园组织法》规定国家公园管理局保护公园自然、野生动物和历史遗产，供人们休憩娱乐。《莱恩来信》指出国家公园属于国家游乐场体系，建立国家公园的目的是让人们利用、观察，保持健康和愉悦[6]。以上两个政策的核心是对国家公园进行旅游开发。该政策要求完善国家公园交通设施，建设的道路、游径须与公园内景观相协调，与铁路部门、旅游局等展开合作，为民众提供交通便利的同时宣传国家公园。设置停车场，满足游客远足、登山、游泳、钓鱼等娱乐需求。考虑公园游客流量季节性变化，开发滑雪、滑冰等冬季项目。在公园内建立自然博物馆，保护自然资源的同时，向游客开放。

二、英国

2000 年《乡村与路权法》直接创设了公民漫游权规定“任何人有权以善意的户外空间游憩为目的进入可进入土地”。2003 年《（苏格兰）土地改革法》也确立了苏格兰的公众漫游权，制定了更为多样化的权利内容。英国通过建立漫游制度来促进国家公园面向公众游憩开放。将国家公园开放后，土地所有者不必承担设施和建设的成本。漫游制度下，国家通过立法强制私有土地面向公众开放，满足公众游憩需求，同时限制公众游憩行为，保障民众负责任的旅游行为。国家公园免费开放，保障公益性，避免了圈地开发行为，留存国家公园完整性和真实性。

三、法国

法国国家公园秉承自然与人和谐共处的精神，主要利用方式就是为民众提供休憩空间，致力于将人类活动与自然相结合，享受自然，从自然中获得慰藉。同时尽量减少人类破坏自然行为，减少对自然的负担，形成负责任的旅游消费观。国家公园可以为民众提供远足活动，根据不同年龄、运动强度安排不同的徒步线路。国家公园众多湖泊和温泉可供民众进行温泉疗养。有的国家公园提供山地露营活动。文化遗产丰富的国家公园，博物馆学者可为民众提供专业的讲解。

四、意大利

意大利的利用机制主要是发展文化遗产产业。意大利除了对文化遗产开展有效保护措施之外，也对文化遗产的文化价值和经济价值进行深入挖掘，走文化遗产产业化发展道路，发展文化旅游。经过对文化遗产长时间的开发和利用，意大利文化旅游已经发展成国内支柱性产业。旅游拉动食、住、行、游、购、娱相关产业的发展。对文化遗产进行适度利用，促进生产性保护，实现社会效益和经济效益的统一。在考古遗址借助虚拟现实技术来再现文化遗产，或者进行专题展览，增强文化遗产神韵和游客体验，实现文化遗产保护和开发的数字化。例如，1996 年启动的罗马重建项目 Rome Reborn，占地面积 14 平方公里，旨在复原罗马风貌。

第三节　黄河国家文化公园的可持续利用机制

黄河国家文化公园利用要加强对生态系统的保护和永续利用，对重点保护区体制机制重组，改变各部门分别设置的体制现状。对文化资源活态利用，同时借助数字技术，实现文化遗产数字化长期保存并进行黄河流域传统文化创新。在利用中完善游客进入管控制度，兼顾黄河国家文化公园的资源承载力。通过可持续利用机制建设来保护自然生态和自然文化遗产的原真性、完整性。

一、建立生态补偿机制

建设国家文化公园要立足于新时代生态文明理念，将生态保护贯穿到规划建设全过程。关注生态安全、保护生物多样性，建立生态补偿机制。保护补偿生态公益林，补助补贴停伐天然商品乔木林，并扩大补助范围。赎买商品林，逐步将个体所有的商品林转化成国有。发放生态保护补偿金，为黄河国家文化公园流域水土流失、水污染治理、生态保护等提供资金支持。对于确实需要迁出的原住民，给予安置补偿并帮助其就业。补助人文资源，对黄河流域重要古建筑、遗址、墓葬、摩崖石刻、民俗、非物质文化等给予资金支持。扶持绿色产业、生态环保产业，促进产业升级，发展生态友好型产业。治理人居环境，改善村庄风貌，治理生活污水和生活垃圾，改善厕所环境。

二、文化资源活态利用

提取具有代表性和独特性的文化景观以及文化遗存，确定核心旅游吸引物。旅游利用需要进行文化的空间分析，回溯文化演进与历史时空背景，发现文化遗产核心属性和个性特征，挖掘其中的美学价值和开发利用价值。基于文化遗存个性特征，考虑当地地域文化特征，在对黄河国家文化公园进行开发利用过程中还需考虑当地社会构成、城镇规划，合理规划公园旅游设施和景点分布。强调地方感，打造地方记忆，与原住民一起还原社会生产生活方式，保存展现地方特色的建筑。兼顾黄河沿岸环境特征和历史情境，注重对于文化资源真实性的展现，确保黄河文化资源完整性保护。结合数字技术，对文化遗存进行修复和再现，动态展现文化资源。

三、数字化保存与利用

黄河国家文化公园利用要改变单纯的游憩观光模式，融入数字技术，打造沉浸式体验，让游客感受其中的历史文化底蕴。黄河国家文化公园可以利用影视、音乐、游戏多媒体，打造虚拟影像世界，促进社区的文化理解和文化认同。将文化解读进化成文化解说，制作讲解设备，按照主体进行黄河文化解说，采用故事讲述的方式，挖掘文化的广度和深度。收集游客信息，进行用户画像，了解游客需求，针对游客差异性来选择适应新时代不同文化诉求的旅游吸引物。利用计算机辅助设计工具和 3D 建模技术辅助文化创意活动，促进黄河相关文化在新时代展现创新活力。让文化活动融入当地生活方式中，开展公园阅读角、VR 体验、节事活动、演绎活动等，扩大当地社区居民参与，将保护、环境、科技、生活四个主题牢牢串联。

四、游客进入管控制度

黄河国家文化公园面向公众开放，需要考虑资源承载能力，计算每日最大的游客进入量，在利用中建立健全科学的游客进入管控制度。在公园显著位置标注公园最大承载人数，做好客流量管理和控制。利用黄河国家文化公园大数据平台，时时反馈园区人流量数据，帮助游客规避人流量高峰，合理选择和规划自身的游览线路。当达到承载量的 80% 时，公园内应该及时做好人员疏导等工作，保证入园游客在园内游览的舒适性。当达到最大承载量的 90% 时通过公园的官方平台宣布停止接纳入园游客。既满足公众休憩的需求实现黄河国家文化公园的公益性，又兼顾对黄河国家文化公园自然资源和文化资源的保护，不排斥开放，但同时对黄河国家文化公园内核心景观特征、生态要素进行综合考量后，通过规划、管理、监测等手段精细调控公众入园以及在园区内的行为方式。

第四节　黄河国家文化公园的旅游利用模式

黄河国家文化公园进行旅游利用可以从文化层面审视文化遗产和自然资源的空间布局和历史演替，开展专题调查，厘定保护范围和旅游利用区域。旅游利用区选取具有突出特色的典范，能反映地方历史截面，融入自然环境，通过设立公园的方式进行旅游利用。侧重于文化景观分析，挖掘文化群体与自然资源的相互作用，开展文化空间、交通格局、建筑布局研究，探寻文化遗产背后的意义，满足游客需求。具体分析游客的职业、年龄、心理、观念，提供满足多元需求的旅游方式，例如，博物馆旅游、节事旅游、研学旅游等，注重培养游客的生态意识。调整公园内道路设计，增加黄河国家文化公园的可进入性。针对公园内的建筑设施，促进能源可再生利用，提供建筑的利用效率；建设绿道，打造自然、文化相结合的景观。促进广泛的社区参与，处理好原住民与游客的关系，避免旅游利用对原住民的挤出。促进黄河国家公园内科技、教育、公共服务多元发展，举办节事活动和旅游演绎，建立文化创意组织，增添黄河国家文化公园的文化氛围。通过科技手段为民众提供沉浸式体验，增强对于文化遗产的认同，激发保护意识。吸纳私人业主入驻老建筑发展商业、零售等。实践中旅游利用模式主要有以下几种。

一、典型带动模式

黄河流域最核心最具典型性景区作为吸引核心，引导黄河国家文化公园形象塑造、文化空间规划和利用等。围绕典型景区进行旅游线路规划，完善基础设施，美化生态环境。凭借典型景区的辐射带动作用，推进辐射区内旅游景区一体化发展，促进区域内相关产业融合，实现社会作用与经济效益兼得。各典型景区吸引核心形成多个辐射区域，串联后实现黄河流域旅游发展，形成品牌效应。依托高质量旅游品牌，开发黄河文化旅游产品，完善基础设施，以旅游规划推动城乡规划，实现黄河流域各省跨越式发展。

二、全域发展模式

将黄河流域九省（自治区）作为一个整体进行统筹规划、管理和营销，调动黄河沿线资源，阐述文化遗产价值，扩大社会参与，促进地区互动，打造旅游产业集群。协调保护与利用关系，促进物质文化遗产与非物质文化遗产协同利用，兼顾经济效益与社会效益。建设风景园区、中心镇、特色镇、中心村、特色村，依托特色村和旅游小镇打造黄河山水风情带，古风民俗带、生态养生带、游憩休闲带等。建设覆盖整个地区，促进全产业融合，给予全方位保障，发展城乡旅游。通过美丽乡村、特色小镇、黄河山水相结合，自然风情与人文底蕴相呼应，使黄河流域处处是景，时时见景。

三、文化驱动模式

挖掘黄河文化内涵，整合黄河流域内优质自然资源和人文资源中独特的民俗文化，将其作为黄河国家文化公园旅游开发的基础，进行自然与人文的综合性开发。黄河流域内多民族聚集，形成绚丽的民族文化，发展以民族文化为核心的节事活动和旅游演艺活动。黄河流域独特的农耕文化，融合农业生产，发展乡村旅游等。基于田园风光和水利风貌，集中展示水工文化等。以特色文化资源为核心，促进科技、文化、体育、科技等产业融合，打造文化体验、水工游乐、田园度假、湿地休闲、温泉养生于一体的独具特色的旅游目的地。

四、活态博物馆模式

研究和保护黄河流域考古遗址，建设展示考古遗址的公共文化空间，发挥其教育、旅游、休闲的功能。完善相关基础设施，对考古遗址周围环境进行综合治理。协调遗产保护、城市发展、社区参与、旅游发展的关系，促进更加广泛的文化认同。结合数字技术，对大型考古遗址进行虚拟复原和展示，建设活态博物馆。对文化遗址进行解说，解读其中蕴含的历史文化，讲述黄河故事，促进游客感受其中历史风情和文化魅力。

参考文献

[1] 建设中华民族共有的精神家园　科学绘制长征国家文化公园建设蓝图［EB/OL］. http：//cpc.people.com.cn/n1/2021/1028/c64387-32266689.html.

[2] 杜敦科 . 长征国家文化公园建设要重视无形遗产保护利用［N］. 遵义日报，2020-04-22（004）.

[3] 长城的修缮和保护（文明之声）［EB/OL］. 人民网，2020-9-24，http：//sd.people.com.cn/n2/2020/0924/c386909-34314452.html.

[4] 中国文化遗产研究院 . 长城保护研究走过的十年［J］. 2016-04-15.

[5] 2020—2021 年中国旅游发展分析与预测［J］. 财贸经济，2021，42（7）：161.

[6] 高科 . 美国国家公园的旅游开发及其环境影响（1915—1929）［J］. 世界历史，2018（4）：29-42.

第十章　黄河国家文化公园的保障体系

开发利用要在坚实的保障体系基础上实现，保障体系为黄河国家文化公园的管理和利用提供必要支撑。拓展多渠道来源，完善相关法律体系，加强数字基础建设，从而在资金、法律、技术等方面为黄河国家文化公园规划、建设、管理、运营提供方向指导和必要保障。

一、黄河国家文化公园的资金保障体系

拓展多渠道资金来源，加大黄河国家文化公园建设投入力度。政府财政拨款为主要收入来源，其余收入来源于商业服务、销售和收费项目等，同时吸纳个人和组织捐赠，形成中央领导、社会参与的多渠道资金保障模式。在省级统筹下，加大地方债券投入。政府与相关企业展开合作，成立专项资金。通过游客中心和停车场创收，研发黄河文化创意产品，建设网店，将所得收入投入到黄河文化资源保护中。黄河国家文化公园核心管理单位制定财务预算，对财政状况在全年进行检查，平衡收支。多渠道来源的资金保障体系，保证资金机制活力，激发工作人员服务热情。

二、黄河国家文化公园的立法保障体系

英国用《环境法》（1995）明确了对设立国家公园的目标——保护自然生态为第一要义，同时开展一系列活动来促进当地旅游业的发展和开发利用，从而达到刺激经济增长的目的；但所开展的任何活动都不能违背“保护优先于一

切利益”这一原则（“桑德福原则”）。2004 年法国出台《文化遗产法典》，对在遗产保护与管理方面的国家职责进行了明确。目前，法国为文化遗产保护形成强有力的法律保障，建立了以《遗产法典》为核心，以物质文化遗产保护为主体，与多部法典相互配合、有机协调的完整的法律保护体系，其中包括了《商法典》《公法人财产总法典》《刑法典》《民法典》《城市规划法典》等。法国的分散式立法模式，增加了找法的难度，在一定程度上影响了司法效率。

法律保障体系为黄河国家文化公园提供规范和指导，借鉴英国经验，黄河国家文化公园的立法目标应该以保护自然和生态为第一要务，明确保护优于利用的原则。我国借鉴法国经验，从多个层面横纵整合法律，建立完整的法律体系，为执法提供有效依据，规避多层级法律体系执法效率不高的缺陷。建立科学立法机制，立法部门与地方政府、环保机构、慈善机构和社会组织以及能提供专业建议的专门机构等各类利益相关者集思广益，吸纳多方意见，科学编制法律。地方要参照现行的《自然保护法》《森林法》《草原法》等，对黄河国家文化公园进行保护，直至国家公园法出台。

三、黄河国家文化公园的技术保障体系

（一）建设数字基础设施

推进三网融合，优化沿黄九省（自治区）网络状况，覆盖 5G 信号基站，促进 5G 网络的普及和应用。广泛铺设宽带，优化通信能力。通过物联网技术、地理信息系统、人工智能等技术手段促进文旅融合，提升数字技术应用水平。采集黄河文化数字资源，整合黄河流域博物馆、非遗展览馆、纪念馆、旅游景区文化资源数据建设专题数据库，同时通过大数据、云平台对数据进行海量存储，为黄河国家文化公园建设和运营提供决策支持。配套建设数据库机房、数据监控平台和数据处理中心。建设统一信息标准，整合流域内各省市信息平台，由国家牵头建立信息共享平台，促进黄河流域信息的交换和共享。

（二）提升数字化展示水平

对黄河文化进行数字化存储，与腾讯等运营商进行合作，打造黄河文化云

平台，普查各省独特的黄河文化资源并上传到平台，向公众进行数字化展示。运用 5G、全息影像、虚拟现实（VR）、增强现实（AR）等技术手段，提升展示水平，为观众提供沉浸式体验，促进黄河文化更加广泛的文化认同。打造数字图书馆、数字博物馆，利用线上平台拓展展示的时间和空间。拍摄黄河非遗文化纪录片、影视剧、非遗技艺演艺节目等。对黄河文化资源进行数字再现，开发数字文化创意产品，发展文化表演和旅游演绎活动，促进对文化资源的数字呈现和沉浸式传播。

（三）搭建智慧旅游平台

围绕旅游管理、服务、营销、宣传搭建黄河国家文化公园智慧旅游平台，推进黄河流域景区的智慧化转型，推动基础设施、公共服务、环境卫生、咨询服务、导游服务等设施智慧化建设，提升公共文化服务水平。选取流域内的相关景点、文化馆、博物馆、图书馆进行数字升级，提升智慧化水平。选定黄河文化主轴，打造智慧旅游示范区。

后　记

《黄河国家文化公园：保护、管理与利用》一书的编写工作于 2021 年 4 月展开，2021 年 11 月完成全部工作。在这长达 8 个月的时间里，本书在国家战略的指导下对黄河国家文化公园建设过程中所涉及的种种问题进行了综合研究。其主要内容包括国内外国家文化公园思想与体系、黄河文化及黄河九省（自治区）文化遗产情况、黄河国家文化公园在建设过程中存在的重难点、黄河国家文化公园建设的理论基础与主要内容等多方面问题的思考与研究。

在本书的编写过程中，作者通过对黄河国家文化公园及其建设过程中出现的各类问题进行研究思考，一是对黄河国家文化公园及其建设有了更为深入的了解与思考；二是也发现了本书存在的一些不足之处，如文化遗产的统计仍然不够全面等问题。

本书的编写工作是由北京第二外国语学院中国文化和旅游产业研究院主持开展的。感谢对本书的研究与编写工作付出了努力、做出了贡献的每一个人；同时，本书的编写也离不开对许多官方统计数据和相关文献的使用，以及对过往学者研究成果的借鉴，在此表达真心的感谢！最后，也欢迎各位读者就不足之处提出宝贵意见！

李　艳

2022 年 2 月

项目统筹：刘志龙
责任编辑：郭海燕
责任印制：冯冬青
封面设计：中文天地

图书在版编目（CIP）数据

黄河国家文化公园 ：保护、管理与利用 / 李艳主编
-- 北京 ：中国旅游出版社，2022.4
（国家文化公园管理文库）
ISBN 978-7-5032-6914-1

Ⅰ.①黄… Ⅱ.①李… Ⅲ.①黄河－国家公园－建设－研究 Ⅳ.①S759.992

中国版本图书馆CIP数据核字（2022）第011733号

书　　名：黄河国家文化公园：保护、管理与利用

作　　者：李　艳　主编
出版发行：中国旅游出版社
（北京静安东里6号　邮编：100028）
http://www.cttp.net.cn　E-mail:cttp@mct.gov.cn
营销中心电话：010-57377108，010-57377109
读者服务部电话：010-57377151
排　　版：北京旅教文化传播有限公司
经　　销：全国各地新华书店
印　　刷：北京明恒达印务有限公司
版　　次：2022年4月第1版　2022年4月第1次印刷
开　　本：720毫米×970毫米　1/16
印　　张：10
字　　数：205千
定　　价：42.00元
ISBN　978-7-5032-6914-1